ATLAS

DE

Dissections Zoologiques

TOURS. — IMPRIMERIE DESLIS FRÈRES

ATLAS

DE

Dissections Zoologiques

MANUEL

DE TRAVAUX PRATIQUES

à l'usage des Candidats

Au CERTIFICAT DE SCIENCES PHYSIQUES, CHIMIQUES ET NATURELLES (P. C. N. et S. P. C. N.), A LA LICENCE ÈS SCIENCES NATURELLES, DES ÉLÈVES DES ÉCOLES NORMALES et des Classes supérieures de l'enseignement secondaire, etc.

PAR

HENRI COUPIN

Docteur ès Sciences
Lauréat de l'Institut
Chef de Travaux pratiques à la Sorbonne

AVEC 61 PLANCHES

COMPRENANT

400 DESSINS DEMI-SCHÉMATIQUES DESSINÉS PAR L'AUTEUR

PARIS

VIGOT FRÈRES, ÉDITEURS

23, PLACE DE L'ÉCOLE-DE-MÉDECINE, 23

—

1910

I

MAMMIFÈRES

LE MOUTON (OVIS ARIES)

CŒUR

1. Cœur, vu par la face antérieure. (On a enlevé la graisse qui entoure la base des vaisseaux.) — *a*, ventricule droit; *b*, ventricule gauche; *c*, auricule droit; *d*, auricule gauche; *e*, artère pulmonaire; *f*, aorte; *g*, veine cave supérieure; *h*, artère coronaire gauche ou antérieure; *i*, artère coronaire droite ou postérieure; *j*, veine coronaire; *k*, pointe du cœur (voir la figure 4).

2. Cœur, avec l'incision à faire (*d*) **pour voir l'intérieur du ventricule gauche.** — *a*, aorte; *b*, artère pulmonaire; *c*, limite du ventricule gauche et du ventricule droit; *d*, incision.

3. Cœur, avec l'incision à faire (*e*) **pour voir l'intérieur du ventricule droit.** — *a*, aorte; *b*, artère pulmonaire; *c*, limite du ventricule gauche et du ventricule droit; *e*, incision.

4. Pointe du cœur, montrant le tourbillon qu'y forment les fibres musculaires.

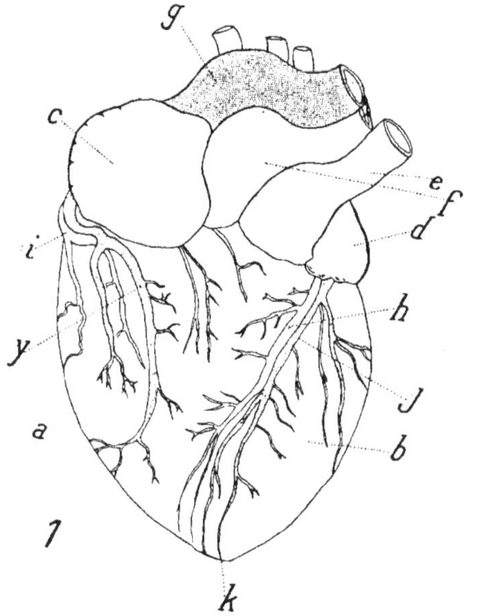

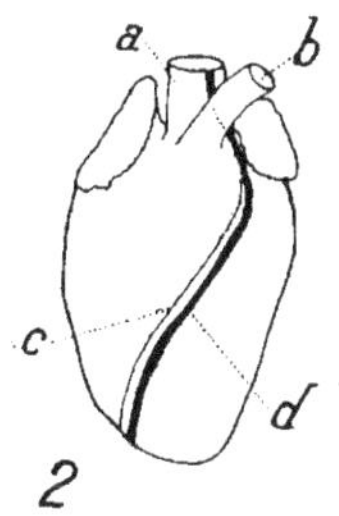

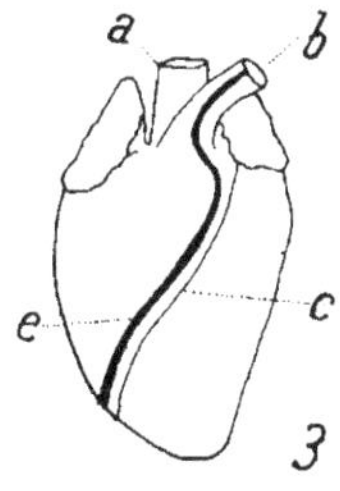

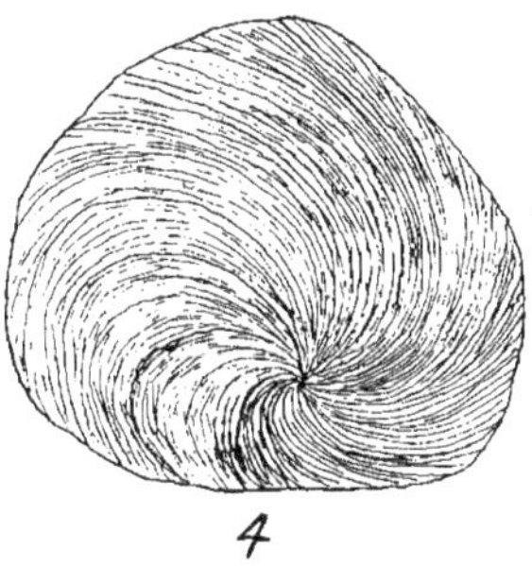

MOUTON (Cœur)

LE MOUTON (OVIS ARIES)

CŒUR

1. Cœur vu par la face postérieure. — *a*, ventricule droit; *b*, ventricule gauche; *c*, oreillette droite; *d*, oreillette gauche; *e*, artère coronaire droite; *f*, grande veine coronaire; *g*, embouchure de la veine cave inférieure dans l'oreillette droite; *h*, embouchure des veines pulmonaires dans l'oreillette gauche; *i*, veine coronaire.

2. Valvules sigmoïdes de l'orifice aortique (l'aorte a été ouverte longitudinalement et étalée). — *a*, cavité du ventricule gauche; *b*, valvule gauche; *c*, valvule postérieure; *d*, nodule d'Arantius; *e*, lamelle fibreuse bordant le bord libre des valvules; *f*, orifice de l'artère coronaire droite; *g*, orifice de l'artère coronaire gauche; *h*, cavité en gousset d'une valvule; *i*, cavité de l'aorte.

3. Oreillette et ventricule gauches ouverts par leur côté externe (imité de Testut). — *a*, aorte; *b*, artère pulmonaire; *c*, vaisseaux coronaires antérieurs; *d*, vaisseaux coronaires postérieurs; *e*, veines pulmonaires droites; *f*, veines pulmonaires gauches; *g*, cavité de l'oreillette gauche; *h*, auricule gauche; *i*, zone de la fosse ovale; *j*, cavité du ventricule gauche; *k*, valvule interne de la mitrale; *l*, valvule externe; *m*, pilier postérieur; *n*, pilier antérieur (tiré en dehors); *o*, flèche parcourant l'orifice auriculo-ventriculaire; *p*, flèche se dirigeant vers l'orifice aortique.

4. Coupe transversale des ventricules. — *a*, péricarde; *b*, paroi du ventricule gauche; *c*, cavité du ventricule gauche; *d*, paroi du ventricule droit; *e*, cavité du ventricule droit; *f*, cloison interventriculaire; *g*, vaisseaux cardiaques.

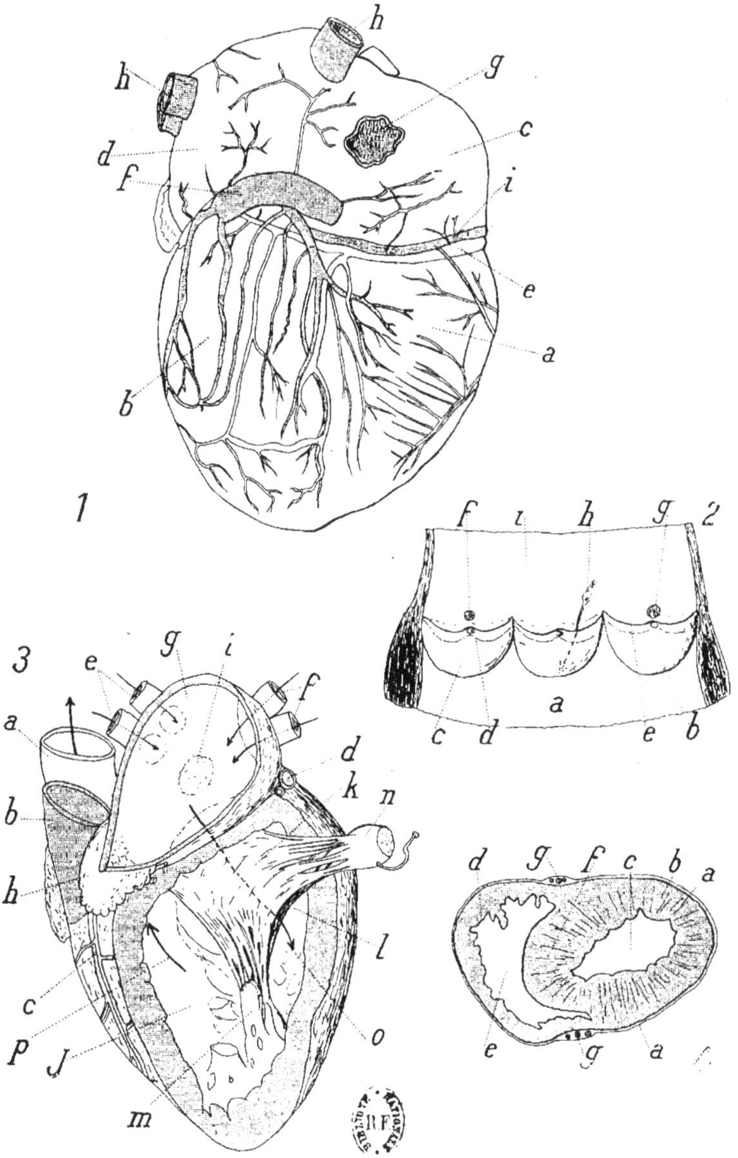

MOUTON (Cœur)

LE MOUTON (OVIS ARIES)

ENCÉPHALE

1. Encéphale vu par la face supérieure. — *a*, hémisphère droit; *b*, hémisphère gauche ; *c*, scissure interhémisphérique ; *d*, scissure de Sylvius ; *e*, lobe médian du cervelet ; *f*, lobes latéraux du cervelet ; *g*, moelle allongée ou bulbe rachidien.

2. Face inférieure de l'encéphale. — *a*, hémisphère droit; *b*, hémisphère gauche; *c*, lobes olfactifs ; *d*, chiasma des nerfs optiques ; *e*, hypophyse; *f*, tubercule cendré (*tuber cinereum*); *g*, pont de varole ; *h*, pédoncules cérébraux; *i*, bulbe rachidien; *j*, nerf de la 3e paire; *k*, nerf de la 4e paire ; *l*, nerf de la 5e paire; *m*, nerf de la 6e paire ; *n*, nerf de la 7e paire ; *o*, nerf de la 8e paire; *p*, nerfs des 9e, 10e, 11e paires; *q*, nerf de la 12e paire ; *r*, cervelet ; *s*, scissure de Sylvius.

3. Encéphale entr'ouvert par la partie supérieure. — On a écarté les deux hémisphères, puis on a fendu le corps calleux et, enfin, on a échancré en arrière le trigone cérébral. Le cervelet a été coupé en deux par une section médiane; ses parties ont été rabattues, l'une à droite, l'autre à gauche ; *a*, hémisphère droit; *b*, hémisphère gauche; *c*, corps calleux fendu; *d*, trigone cérébral; *e*, partie échancrée artificiellement du trigone cérébral ; *f*, corps strié ; *g*, couche optique; *h*, plexus choroïde ; *i*, ventricule cérébral; *j*, *septum lucidum* déchiré ; *k*, glande pinéale ; *l*, tubercules quadrijumeaux; *m*, cervelet; *n*, arbre de vie ; *o*, pédoncules antérieurs du cervelet (schématiques); *p*, valvule de Vieussens ; *q*, plancher du quatrième ventricule ; *r*, bulbe rachidien; *s*, pédoncules postérieurs du cervelet.

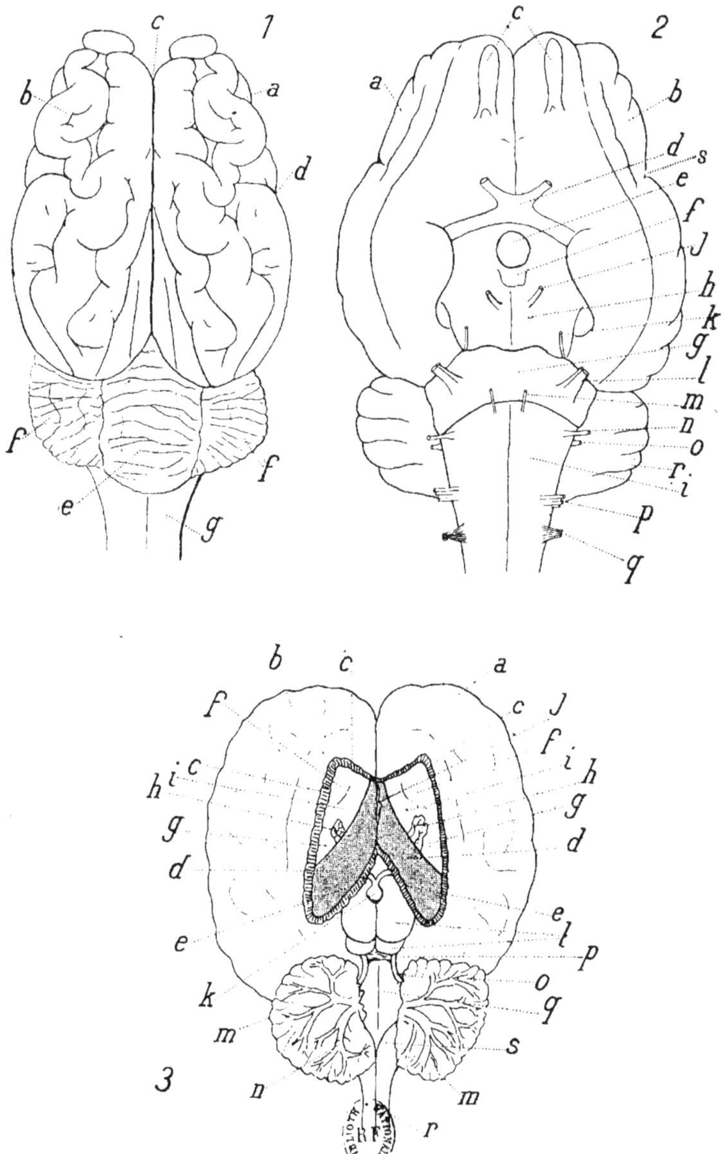

MOUTON (Encéphale)

Légende de la Planche IV.

LE MOUTON (OVIS ARIES)

ŒIL

1. Coupe longitudinale de l'œil. — *a*, nerf optique; *b* gaine fibreuse du nerf optique; *c*, sclérotique; *d*, conjonctive; *e*, cornée; *f*, choroïde; *g*, zone ciliaire; *h*, iris; *i*, rétine; *j*, *macula lutea* (tache jaune); *k*, cristallin; *l*, chambre antérieure de l'œil; *m*, chambre postérieure de l'œil; *n*, membrane hyaloïde; *o*, canal godronné de Petit; *p*, corps vitré; *q*, insertion des muscles droits; *r*, pupille.

2. Œil vu de face. — *a*, paupière supérieure; *b*, paupière inférieure; *c*, paupière verticale; *d*, sclérotique, vue au travers de la conjonctive; *e*, iris, vu par transparence; *f*, pupille.

3. Paupières disséquées et glande lacrymale (imité de Testut). — *a*, paupière supérieure (disséquée par la face postérieure); *b*, paupière inférieure; *c*, glandes de Meibonius; *d*, glande lacrymale; *e*, orifices de la glande lacrymale.

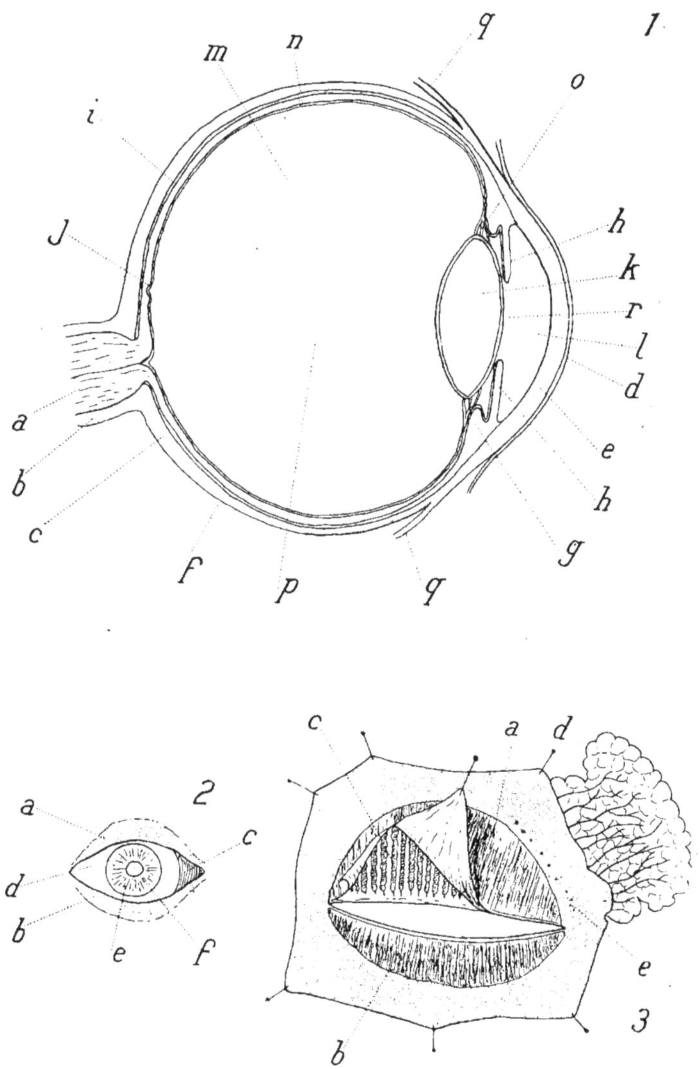

MOUTON (Œil)

LE MOUTON (OVIS ARIES)

ŒIL

1. Muscles de l'œil, vus d'en haut. — *a*, muscle droit supérieur; *b*, muscle droit externe; *c*, muscle droit interne; *d*, muscle grand oblique; *e*, poulie du muscle grand oblique; *f*, portion réfléchie du muscle grand oblique; *g*, globe oculaire.

2. Muscles de l'œil, vus par leur face externe. — *a*, globe oculaire; *b*, muscle droit supérieur; *c*, muscle droit inférieur; *d*, muscle droit externe (coupé et rabattu); *e*, muscle droit interne; *f*, tendon oculaire du muscle grand oblique; *g*, muscle droit postérieur; *h*, muscle petit oblique.

3. Insertions des muscles droits de l'œil droit sur la sclérotique. — *a*, droit supérieur; *b*, droit inférieur; *c*, droit interne; *d*, droit externe; *e*, pupille.

4. Coupe longitudinale d'une paupière. — *a*, tendons du muscle releveur de la paupière; *b*, cils; *c*, poils; *d*, cartilage tarse; *e*, glande de Meibonius; *f*, canal excréteur d'une glande de Meibonius.

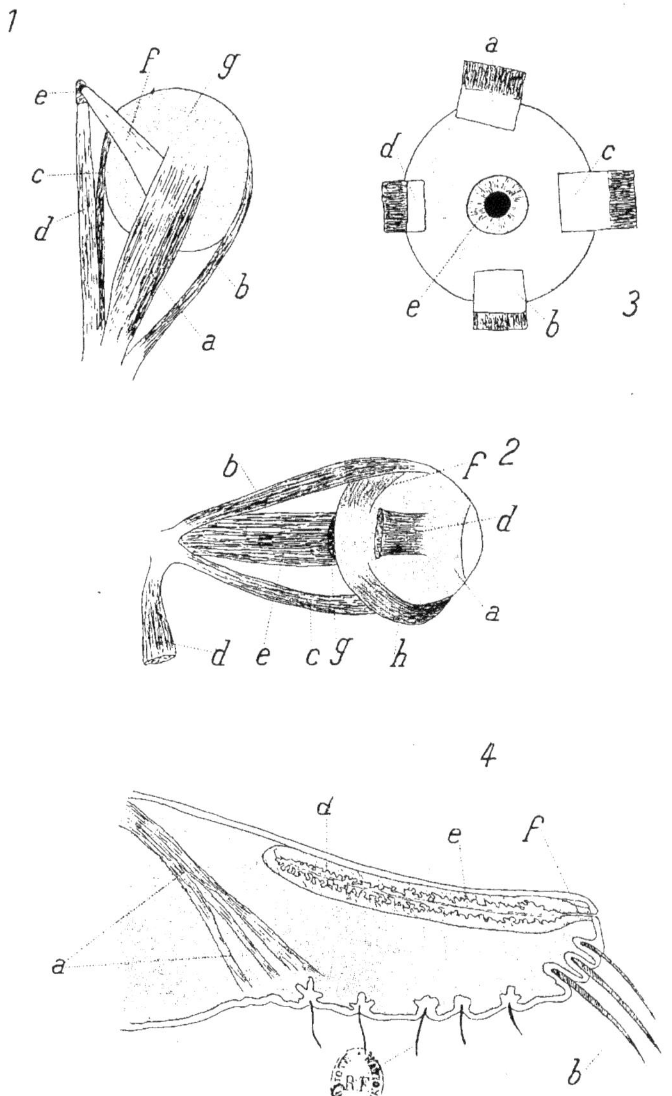

MOUTON (Œil)

LÉGENDE DE LA PLANCHE VI.

LA SOURIS (MUS MUSCULUS)

1. Souris femelle ouverte par la ligne médiane ventrale (imité d'ANGLAS). — *a*, narines; *b*, lèvre supérieure; *c*, lèvre inférieure; *d*, bouche; *e*, incisives; *f*, anus; *g*, orifice de la vulve, *h*, clitoris; *i*, thymus; *j*, cœur; *k*, larynx; *l*, trachée; *m*, poumons; *n*, paroi de la cage thoracique; *o*, diaphragme; *p*, glandes salivaires; *q*, estomac; *r*, duodenum; *s*, intestin grêle; *t*, cæcum; *u*, rectum; *v*, mésentère; *w*, vessie; *x*, foie; *y*, pancréas; *z*, rate.

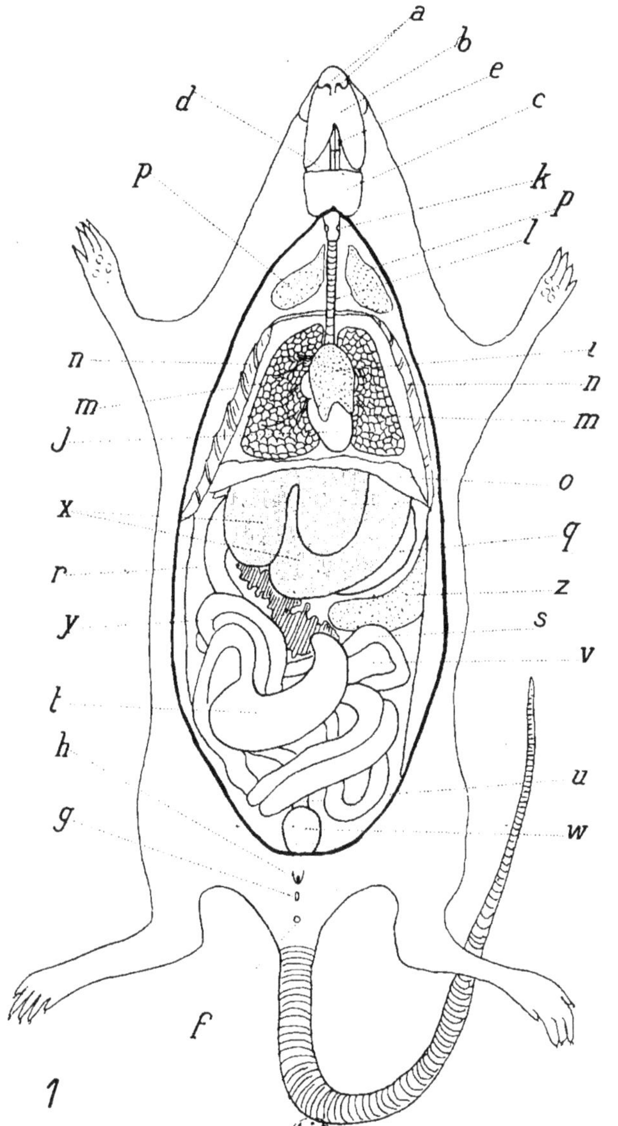

SOURIS (Dissection générale)

Légende de la Planche VII.

LA SOURIS (MUS MUSCULUS)

1. Encéphale, vu par la face supérieure. — *a*, lobes olfactifs ; *b*, hémisphères cérébraux ; *c*, tubercules quadrijumeaux ; *d*, cervelet ; *e*, moelle allongée. — Nota : pour plus de détails, voir, à la planche suivante, l'encéphale du lapin, qui a la même constitution générale.

2. Appareil urinaire chez la femelle. — *a*, reins ; *b*, capsules surrénales ; *c*, uretères ; *d*, vessie ; *e*, urèthre ; *f*, veine cave inférieure ; *g*, veines rénales.

3. Estomac. — *a*, œsophage ; *b*, estomac ; *c*, duodenum ; *d*, cardia ; *e*, pylore.

4. Coupe, en long, de deux incisives. — *a*, ivoire ; *b*, émail ; *c*, bord libre taillé en biseau.

5. Organes génitaux femelles. — *a*, ovaires ; *b*, trompe de Fallope ; *c*, pavillon ; *d*, utérus ; *e*, orifice de l'utérus ; *f*, vagin.

6. Portion d'un utérus renfermant trois embryons. — *a*, ovaire ; *b*, trompe de Fallope ; *c*, pavillon ; *d*, utérus, avec les trois bosses qu'y forment les trois embryons ; *e*, orifice de l'utérus ; *f*, vagin ; *g*, utérus sectionné.

7. Organes génito-urinaires mâles (schématisés). — *a*, testicules ; *b*, épididymes ; *c*, gubernaculum ; *d*, canal déférent ; *e*, urèthre ; *f*, vésicules séminales ; *g*, pénis ; *h*, prostate ; *i*, capsules surrénales ; *j*, glandes de Tyson ; *k*, vessie ; *l*, uretères ; *m*, reins.

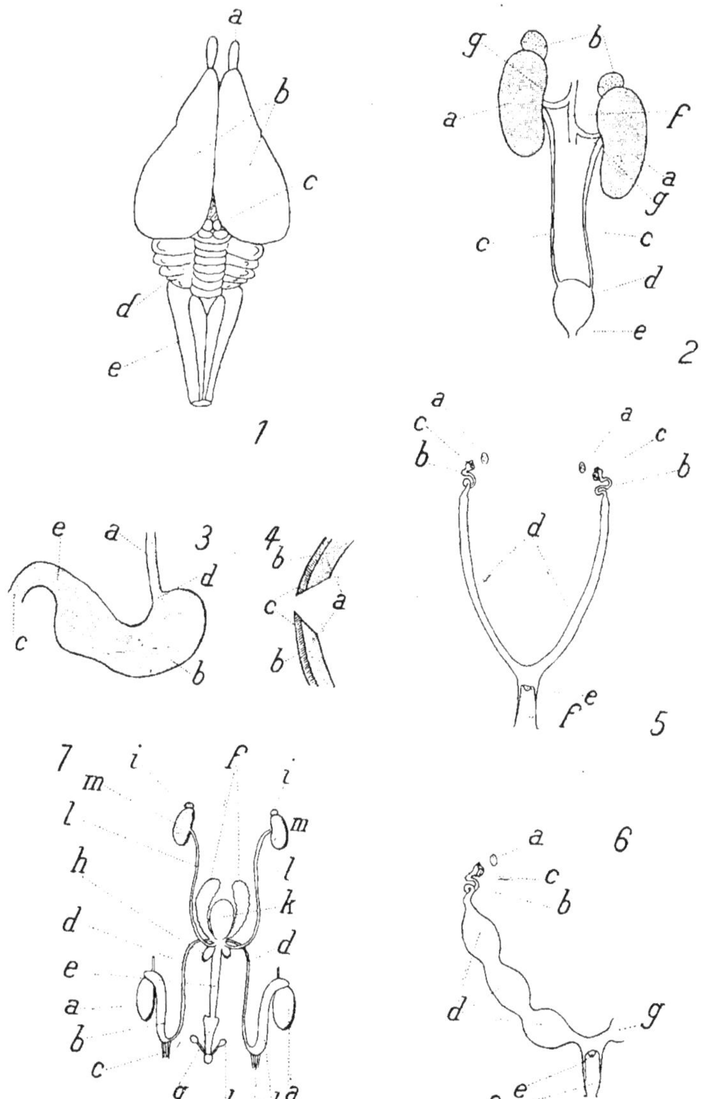

SOURIS (*Organes divers*)

LE LAPIN (LEPUS CANICULUS)

1. Encéphale, vu par la face supérieure. — *a*, lobes olfactifs; *b*, hémisphères cérébraux; *c*, glande pinéale; *d*, tubercules quadrijumeaux; *e*, vermis médian du cervelet; *f*, lobes latéraux du cervelet; *g*, moelle allongée; *h*, nerfs de la onzième paire.

2. Encéphale, vu par la face inférieure. — *a*, lobes olfactifs; *b*, hémisphères cérébraux; *c*, nerfs optiques; *d*, hypophyse; *e*, pédoncules cérébraux; *f*, protubérance annulaire; *g*, nerfs de la troisième paire; *h*, lobes latéraux du cervelet; *i*, moelle épinière; *j*, nerfs de la quatrième paire; *k*, nerfs de la cinquième paire; *l*, nerfs de la sixième paire; *m*, nerfs de la septième paire; *n*, nerfs de la huitième paire; *o*, nerfs de la neuvième paire; *p*, nerfs de la dixième paire; *q*, nerfs de la onzième paire; *r*, nerfs de la douzième paire.

3. Encéphale, vu par le côté. — Mêmes lettres que la figure **2.**

4. Ensemble du tube digestif. — *a*, œsophage; *b*, cardia; *c*, estomac; *d*, pylore; *e*, duodenum; *f*, vésicule biliaire; *g*, conduit allant au foie (lequel a été supprimé); *h*, pancréas; *i*, intestin grêle; *j*, cœcum; *k*, appendice cœcal; *l*, gros intestin (les bosses sont produites par les déjections); *m*, anus.

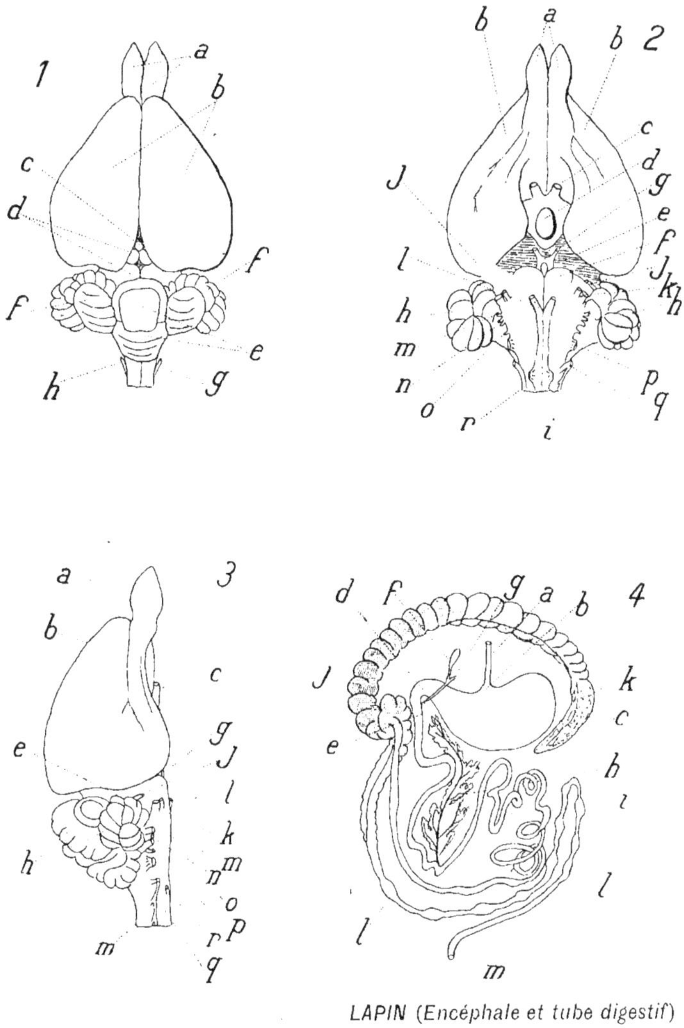

LAPIN (Encéphale et tube digestif)

LE CHIEN (CANIS FAMILIARIS)

---

1. Encéphale, vu par la face supérieure. — *a*, lobes olfactifs ; *b*, hémisphères cérébraux ; *c*, circonvolution ; *d*, vermis médian du cervelet ; *e*, lobes latéraux du cervelet ; *f*, moelle.

2. Encéphale, vu par la face inférieure. — *a*, lobes olfactifs ; *b*, hémisphères cérébraux ; *c*, nerfs optiques ; *d*, hypophyse ; *e*, pédoncules cérébraux ; *f*, protubérance annulaire ou pont de varole ; *g*, moelle ; *h*, nerfs de la troisième paire ; *i*, nerfs de la quatrième paire ; *j*, nerfs de la cinquième paire ; *k*, nerfs de sixième paire ; *l*, nerfs de le septième paire ; *m*, nerfs de la huitième paire ; *n*, nerfs de la neuvième paire ; *o*, nerfs de la dixième paire ; *p*, nerfs de la onzième paire ; *q*, nerfs de la douzième paire ; *r*, cervelet.

3. Encéphale, vu de côté. — Mêmes lettres que la figure 2.

4. Portion d'un crâne de chien. — *a*, maxillaire supérieur ; *b*, maxillaire inférieur ; *c*, narines ; *d*, incisives ; *e*, canines ; *f*, molaires ; *g*, carnassière.

PLANCHE IX.

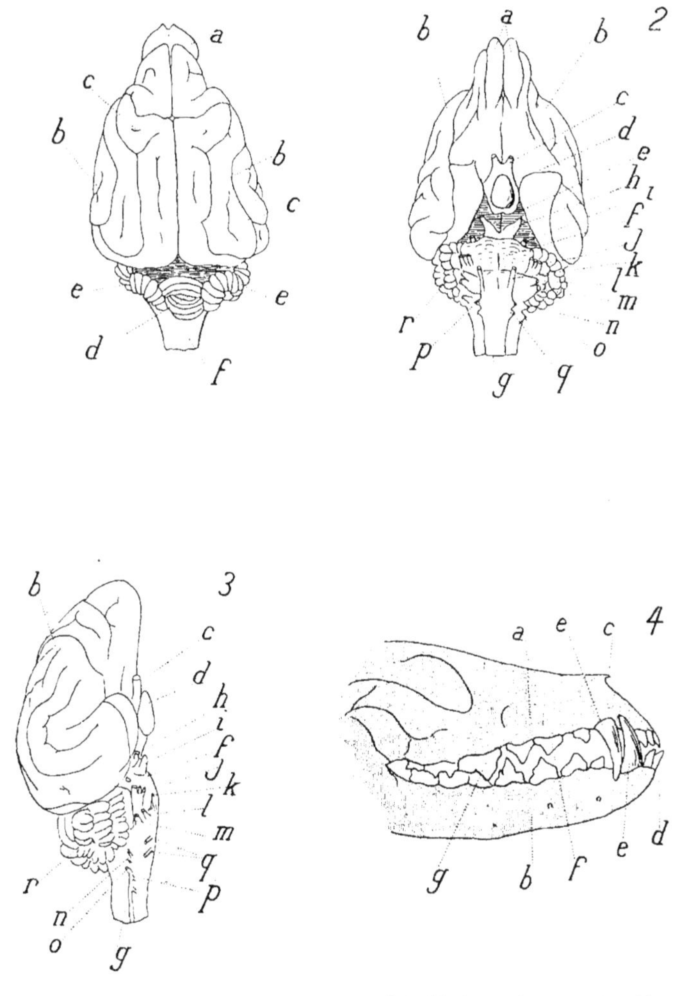

CHIEN (Encéphale et dentition)

II

OISEAUX

LE PIGEON (COLUMBA DOMESTICA)

1. Plume des ailes. — *a*, orifice nourricier; *b*, tuyau; *c*, barbes; *d*, orifice généralement bouché.

2. Plume de la queue. — Mêmes lettres que **1**.

3. Encéphale, vu par la face supérieure. — *a*, lobes olfactifs; *b*, hémisphères cérébraux; *c*, cervelet; *d*, moelle allongée; *e*, tubercules bijumeaux; *f*, nerfs de la cinquième paire; *g*, nerfs de la septième paire; *h*, nerfs de la huitième paire; *i*, nerfs de la neuvième paire; *j*, nerfs de la dixième paire; *k*, nerfs de la onzième paire.

4. Encéphale, vu par la face inférieure. — *a*, lobes olfactifs; *b*, hémisphères cérébraux; *c*, bandelette optique; *d*, tubercules bijumeaux; *e*, hypophyse; *f*, moelle; *g*, nerfs olfactifs; *h*, nerfs optiques; *i*, nerfs de la troisième paire; *j*, nerfs de la quatrième paire; *k*, nerfs de la cinquième paire; *l*, nerfs de la sixième paire; *m*, nerfs de la septième paire; *n*, nerfs de la huitième paire; *o*, nerfs de la neuvième paire; *p*, nerfs de la dixième paire; *q*, nerfs de la onzième paire; *r*, nerfs de la douzième paire; *s*, nerfs rachidiens.

5. Encéphale, vu par le côté. — Mêmes lettres que **4**. *t*, cervelet.

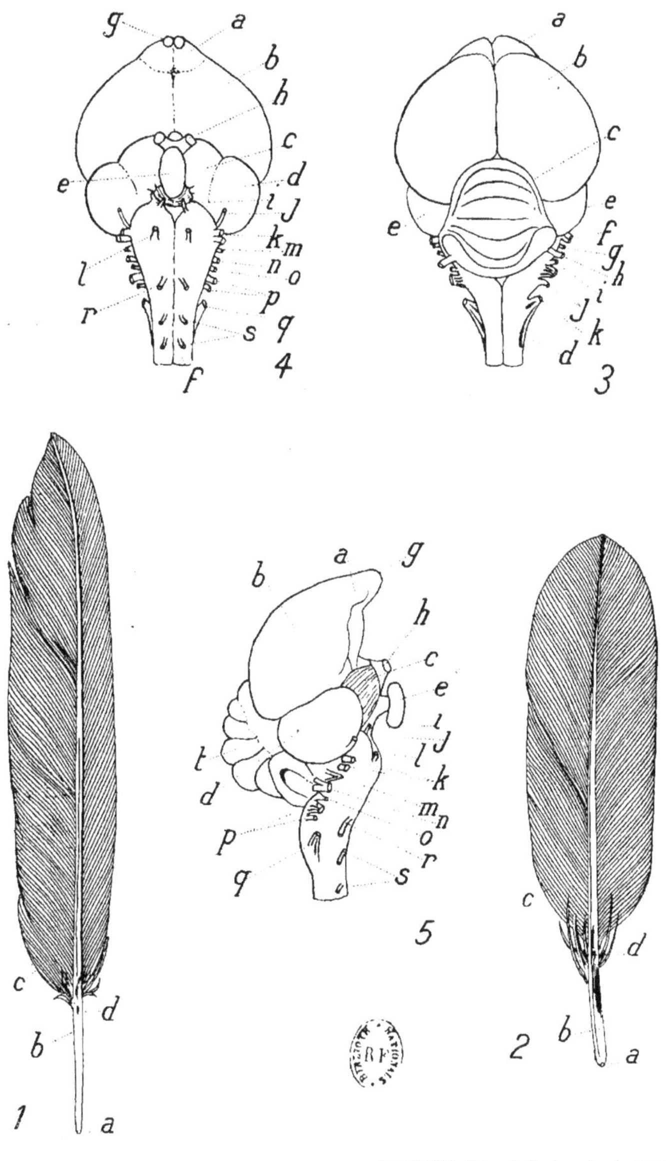

PIGEON (Encéphale et plumes)

LÉGENDE DE LA PLANCHE XI.

LE PIGEON (COLUMBA DOMESTICA)

1. Cœur et gros vaisseaux qui en partent (vus par la face ventrale). — *a*, oreillette gauche; *b*, ventricule gauche; *c*, oreillette droite; *d*, ventricule droit; *e*, crosse aortique (remarquer qu'elle tourne à droite); *f*, veine cave supérieure gauche; *g*, veine cave supérieure droite; *h*, veine jugulaire; *i*, artère carotide; *k*, tronc brachio-céphalique gauche; *l*, tronc brachio-céphalique droit; *m*, veine cave inférieure. — On n'a pas figuré les vaisseaux des poumons.

2. Cœur, coupé en travers. — *a*, ventricule gauche; *b*, ventricule droit.

3. Œuf, coupé en long[1] (grossi trois fois). — *a*, coquille calcaire; *b*, membrane coquillière; *c*, chambre à air; *d*, blanc; *e*, jaune; *f*, cicatricule; *g*, chalazes.

4. Squelette. — *a*, crâne; *b*, bec; *c*, cavité orbitaire; *d*, vertèbres cervicales; *e*, clavicule; *f*, sternum; *g*, bréchet; *i*, os iliaque; *j*, ischion; *k*, pubis; *l*, humérus; *o*, carpe; *p*, métacarpe; *q*, phalange; *r*, fémur; *s*, tibia; *t*, péroné; *u*, tarso-métatarse; *v*, doigts; *w*, côtes.

1. Peut être remplacé par un œuf de poule, dont la constitution est la même.

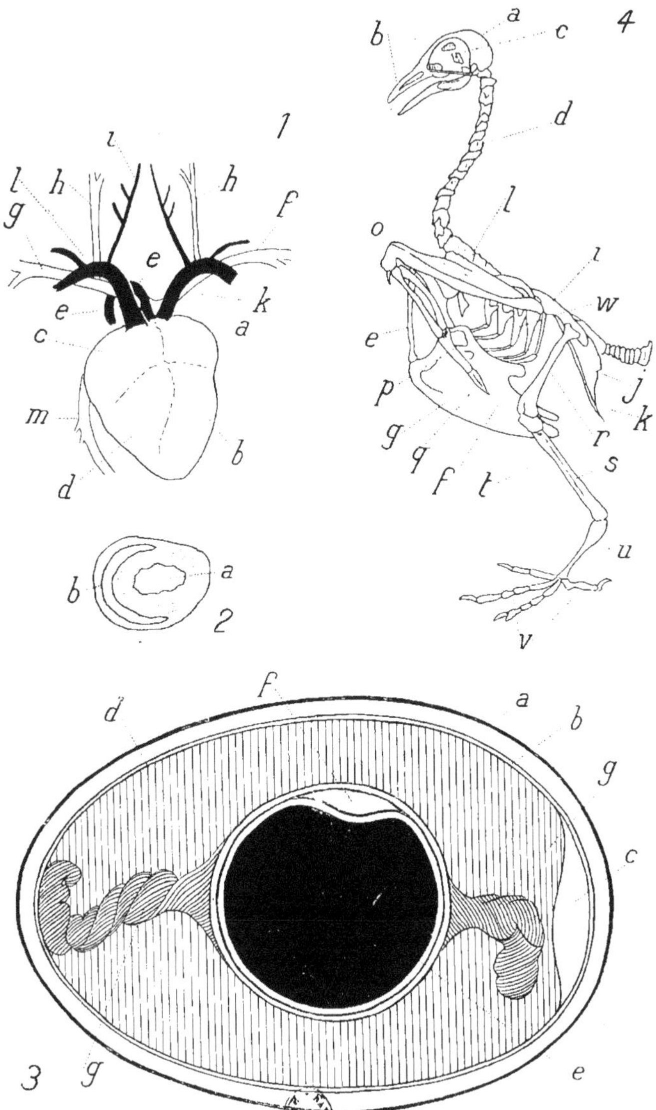

PIGEON (Cœur, squelette et œuf)

LE PIGEON (COLUMBA DOMESTICA)

1. Tube digestif. — *a*, œsophage; *b*, jabot; *c*, estomac succenturié; *d*, gésier; *e*, duodenum; *f*, intestin; *g*, cœcum; *h*, rate; *i*, foie; *j*, pancréas; *k*, glande de Fabricius; *l*, cavité cloacale (ouverte); *m*, conduits urinaires; *n*, conduits des organes génitaux mâles; *o*, orifice de la glande de Fabricius; *p*, orifice cloacal.

2. Organes génito-urinaires mâles. — *a*, reins; *b*, capsules surrénales; *c*, conduits urinaires; *d*, cavité cloacale ouverte; *e*, glande de Fabricius; *f*, orifice cloacal; *g*, testicules; *h*, conduits déférents.

3. Organes génito-urinaires femelles. — *a*, reins; *b*, capsules surrénales; *c*, conduits urinaires; *d*, cavité cloacale ouverte; *e*, glande de Fabricius; *f*, orifice cloacal; *g*, ovaire gauche (celui de droite est avorté); *h*, pavillon; *i*, oviducte gauche; *j*, oviducte droit (presque entièrement avorté).

4. Appareil respiratoire, vu par la face antérieure. — *a*, trachée; *b*, bronches; *c*, syrinx; *d*, poumons; *e*, *f*, *g*, *h*, orifices conduisant dans les sacs aériens; *e*, orifice du sac cervical; *f*, orifice du sac interclaviculaire; *g*, orifice du sac sous-œsophagien; *h*, orifice du sac abdominal.

5. Œil, avec la sclérotique disséquée. — *a*, disques cartilagino-osseux.

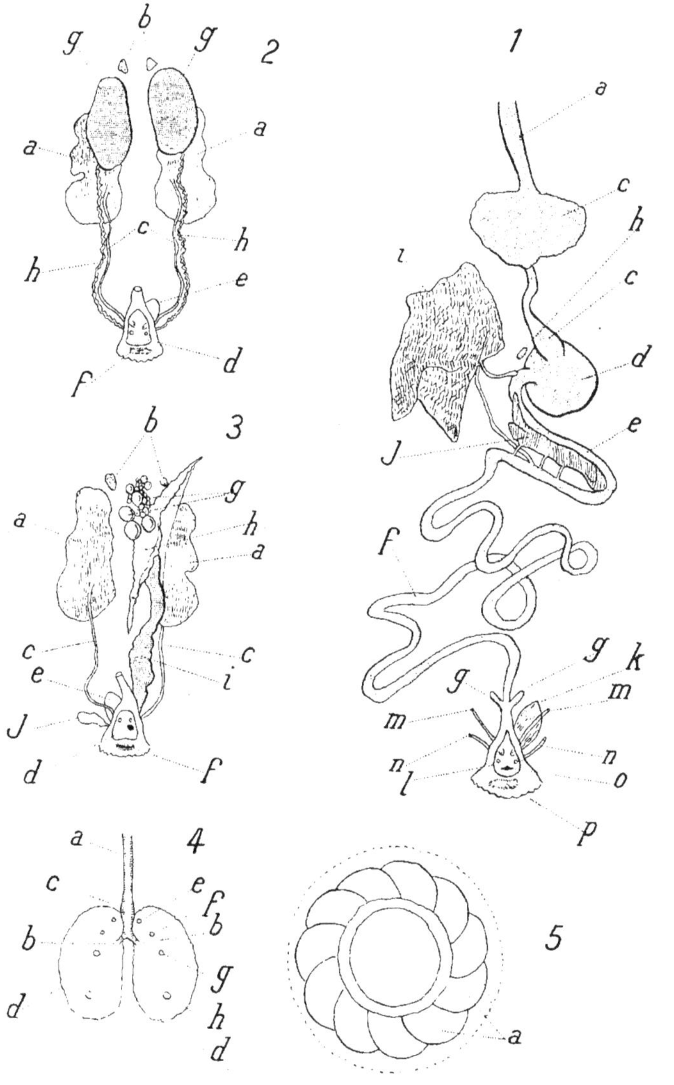

PIGEON (*Tube digestif, organes génito-urinaires, etc...*)

III

REPTILES

LE LÉZARD VERT (LACERTA VIRIDIS)

1. Dissection sommaire (l'animal est couché sur le dos ; on l'a ouvert par une incision longitudinale dans la région ventrale). — *a*, langue ; *b*, trachée ; *c*, poumons ; *d*, cœur ; *e*, œsophage ; *f*, estomac ; *g*, foie ; *h*, rate ; *i*, pancréas ; *j*, intestin ; *k*, organes génitaux femelles ; *l*, reins ; *m*, cloaque.

2. Palais de la mâchoire inférieure (*a*) **et langue** (*b*). — *c*, orifice du larynx.

3. Œil, avec les plaques osseuses de la sclérotique.

4. Organes génito-urinaires femelles. — *a*, rein ; *b*, orifice de l'uretère dans le cloaque ; *c*, vessie urinaire ; *d*, rectum ; *e*, ovaires ; *f*, oviductes ; *g*, pavillons.

5. Organe olfactif coupé longitudinalement (schéma). — *a*, cavité nasale externe ; *b*, cavité nasale interne ; *c*, arrière-narines ; *d*, papille de l'organe de Jacobson ; *e*, communication de l'organe de Jacobson avec la cavité buccale.

6. Cœur et gros vaisseaux qui en partent. — *a*, ventricule ; *b*, oreillette ; *c*, tronc brachio-céphalique ; *d*, premier arc aortique ; *e*, deuxième arc aortique ; *f*, artère pulmonaire ; *g*, veine pulmonaire ; *h*, aorte ; *i*, artères sous-clavières ; *j*, veine jugulaire ; *k*, veine sous-clavière ; *l*, veine cave inférieure.

a
b
e
d
c
c
f
g
h
i
J
k
l
m
1
2
a
b
c
3
g
4
g
f
f
e
d
a
c
b
J c d e
b
b
k
f
l
a
g
i
i
h
6
5
a
d
e
b
c

LÉZARD VERT

IV

BATRACIENS

LA GRENOUILLE[1] (RANA TEMPORARIA)

1. Grenouille, vue de côté. — *a*, orifice d'une narine; *b*, œil; *c*, tympan; *d*, bouche; *e*, plancher de la cavité buccale, dont les mouvements rythmiques font pénétrer et sortir l'air des poumons; *f*, membre antérieur; *g*, membre postérieur.

2. Bouche, avec la langue représentée dans trois positions. — *a*, œil; *b*, langue au repos; *c*, langue relevée vers le haut; *d*, langue projetée en avant; *e*, orifice d'une narine.

3. Dissection sommaire d'une grenouille femelle étalée sur le dos, le corps fendu sur la ligne médiane ventrale et les organes un peu éloignés les uns des autres. — *a*, poumons; *b*, cœur; *c*, foie (relevé vers le haut); *d*, estomac; *e*, pancréas; *f*, vésicule biliaire; *g*, rate; *h*, intestin et mésentère; *i*, rectum; *j*, ovaire; *k*, oviducte; *l*, reins; *m*, vessie urinaire; *n*, corps adipeux jaune.

4. Cartilages du larynx.

1. A la place de la Grenouille, on peut prendre le Crapaud.

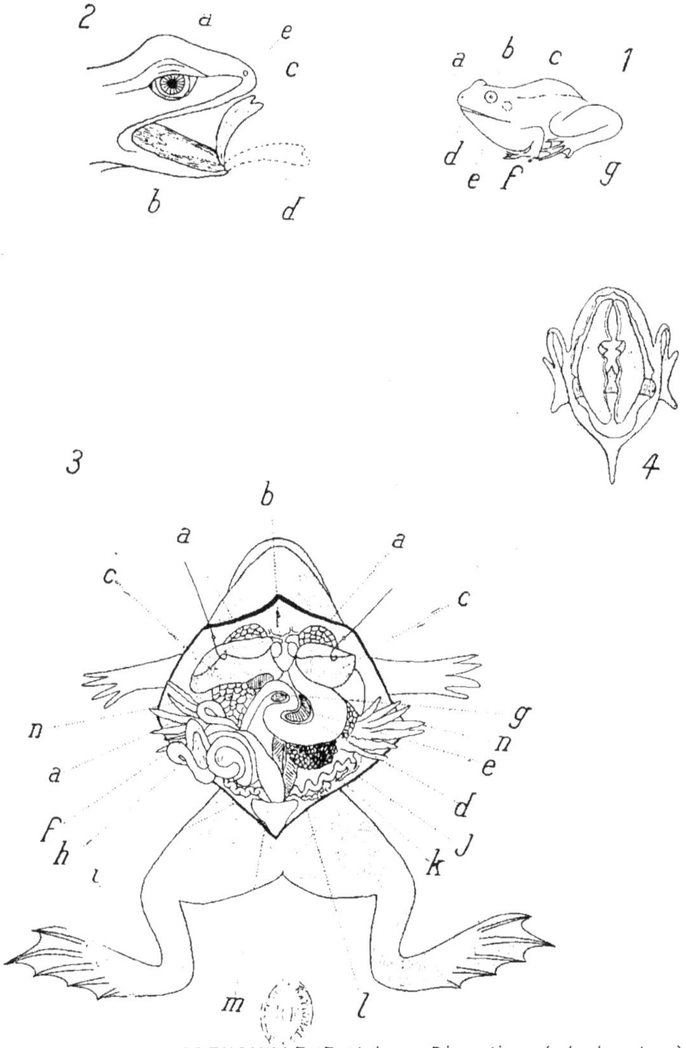

GRENOUILLE (*Extérieur, Dissection générale, etc...*)

LÉGENDE DE LA PLANCHE XV.

LA GRENOUILLE (RANA TEMPORARIA)

1. Ensemble du tube digestif (moins les glandes annexes). — *a*, œsophage (dont les cellules ciliées de la muqueuse sont faciles à voir au microscope); *b*, estomac; *c*, duodenum; *d*, intestin; *e*, rectum; *f*, vessie urinaire rejetée de côté; *g*, cloaque.

2. Foie. — *a*, oreillette; *b*, ventricule; *c*, lobes du foie; *d*, estomac; *e*, intestin.

3. Palais de la mâchoire supérieure. — *a*, orifices des narines; *b*, dents; *c*, bosses produites par les globes oculaires; *d*, orifices des trompes d'Eustache; *e*, palais.

4. Ensemble du système nerveux, vu par la face ventrale. — *a*, nerfs olfactifs; *b*, hémisphères cérébraux; *c*, nerfs optiques; *d*, moelle épinière; *e*, nerfs rachidiens; *f*, ganglions du sympathique; *g*, anastomoses entre les nerfs rachidiens et les ganglions du sympathique.

PLANCHE XV.

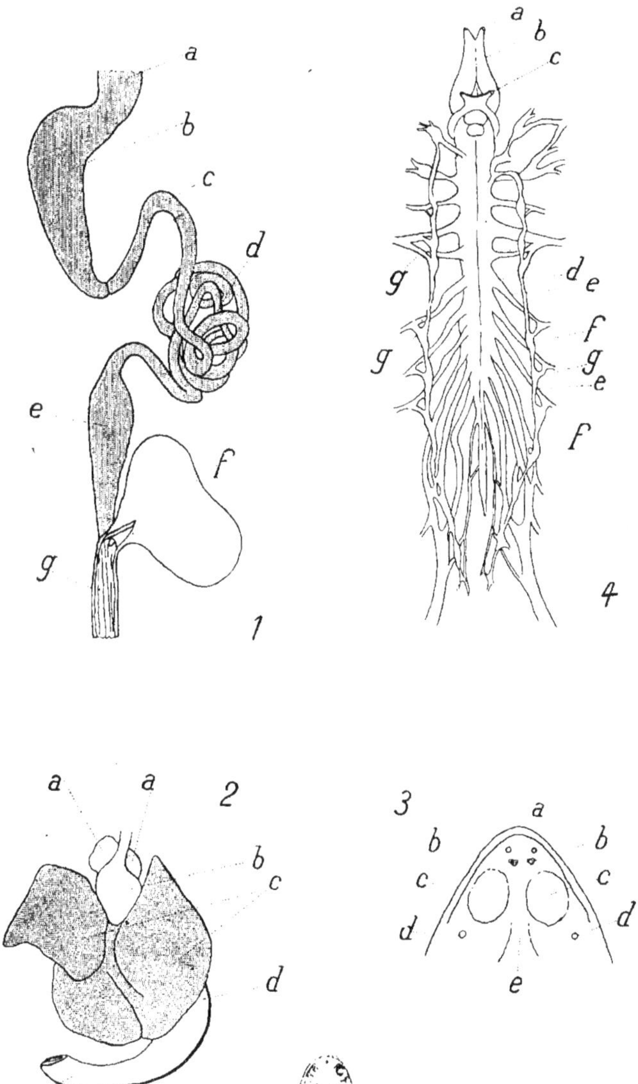

GRENOUILLE (Tube digestif, système nerveux)

Légende de la Planche XVI.

LA GRENOUILLE (RANA TEMPORARIA)

1. Encéphale, vu par la face supérieure. — *a*, nerfs olfactifs; *b*, lobes olfactifs; *c*, hémisphères cérébraux; *d*, lacune entre les deux hémisphères; *e*, cerveau intermédiaire; *f*, lobes optiques; *g*, cerveau moyen; *h*, arrière-cerveau; *i*, moelle; *j*, nerfs de la cinquième paire; *k*, nerfs de la septième paire; *l*, nerfs de la huitième paire; *m*, nerfs des neuvième, dixième et onzième paires; *n*, nerf rachidien.

2. Encéphale, vu par la face inférieure. — *a*, nerfs olfactifs; *b*, lobes olfactifs; *c*, hémisphères cérébraux; *d*, lacune entre les deux hémisphères; *e*, cerveau intermédiaire; *f*, lobes optiques; *g*, infundibulum; *h*, hypophyse; *i*, arrière-cerveau; *j*, moelle; *k*, bandelette optique; *l*, nerf optique; *m*, nerfs de la troisième paire; *n*, nerfs de la quatrième paire; *o*, nerfs de la cinquième paire; *p*, nerfs de la sixième paire; *q*, nerfs de la septième paire; *r*, nerfs de la huitième paire; *s*, nerfs de la neuvième, dixième et onzième paires; *t*, nerfs de la douzième paire; *u*, nerfs rachidiens.

3. Encéphale, vu de côté. — Mêmes lettres que **2**.

4. Encéphale, vu en coupe sagittale. — *a*, cerveau antérieur; *b*, cerveau moyen; *c*, cerveau postérieur; *d*, arrière-cerveau; *e*, lobe olfactif; *f*, nerf olfactif; *g*, nerf optique; *h*, nerf pathétique; *i*, épiphyse; *j*, chiasma des nerfs optiques; *k*, commissure antérieure; *l*, corps calleux; *m*, trou de Monro; *n*, plexus choroïde; *o*, commissure supérieure; *p*, commissure postérieure; *q*, couche optique; *r*, aqueduc de Sylvius; *s*, infundibulum; *t*, hypophyse.

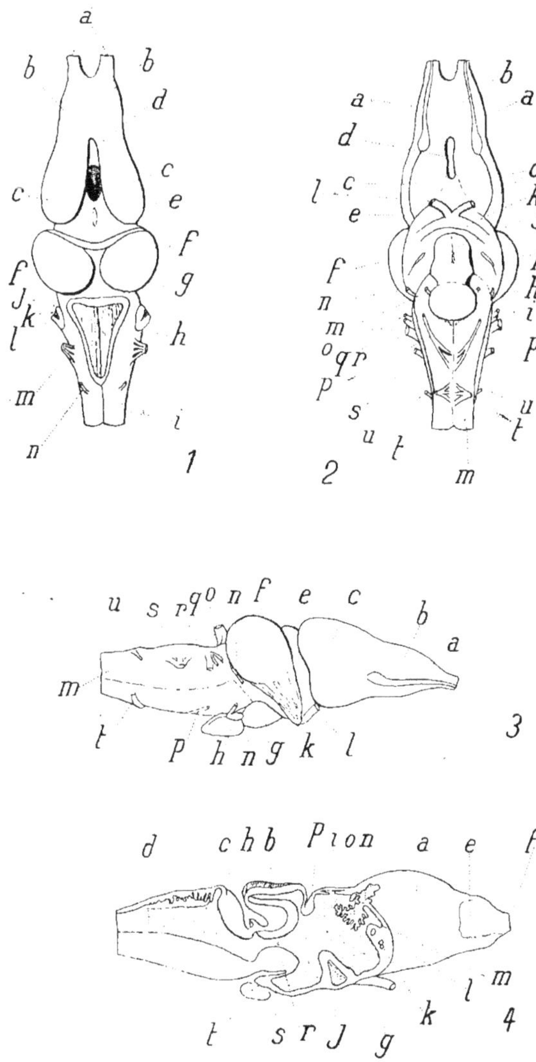

GRENOUILLE (Encéphale)

LA GRENOUILLE (RANA TEMPORARIA)

1. Ensemble de l'appareil circulatoire (imité de Remy Perrier). — *a*, oreillettes; *b*, ventricule; *c*, tronc aortique commun ; *d*, artère carotide ; *e*, glande carotidienne ; *f*, racine aortique ; *g*, artère vertébrale ; *h*, artère sous-clavière ; *i*, aorte commune ; *j*, tronc cœliaque ; *k*, artères intercostales; *l*, artères iliaques ; *m*, veines iliaques ; *n*, réseau du système porte rénal ; *o*, veine abdominale ; *p*, veine porte hépatique; *q*, réseau du système porte hépatique ; *r*, veine sus-hépatique; *s*, veine cave inférieure ; *t*, veine cardinale postérieure ou azygos; *u*, veine cardinale antérieure ou jugulaire; *v*, veine sous-clavière ; *w*, sinus veineux ; *x*, canal de Cuvier; *y*, artère pulmonaire; *z*, veine pulmonaire ; *α*, artère cutanée.

2. Organes génito-urinaires mâles. — *a*, reins ; *b*, uretères; *c*, orifices des uretères dans le cloaque ; *d*, vésicules séminales (qui n'existent pas chez *Rana esculenta*); *e*, testicules ; *f*, corps adipeux jaune; *g*, veine cave inférieure ; *h*, aorte; *i*, veines afférentes de la circulation de la veine porte rénale.

3. Constitution des organes génito-urinaires mâles. — *a*, testicule; *b*, corps adipeux jaune ; *c*, réseau testiculaire ; *d*, canal anastomotique longitudinal; *e*, dilatation ampullaire; *f*, canalicules transversaux ; *g*, rein ; *h*, canal de Wolff.

4. Organes génito-urinaires femelles. — *a*, ovaires; *b*, oviducte; *c*, pavillon de l'oviducte ; *d*, partie renflée de l'oviducte ; *e*, orifices des oviductes dans le cloaque; *f*, reins; *g*, orifices des uretères dans le cloaque.

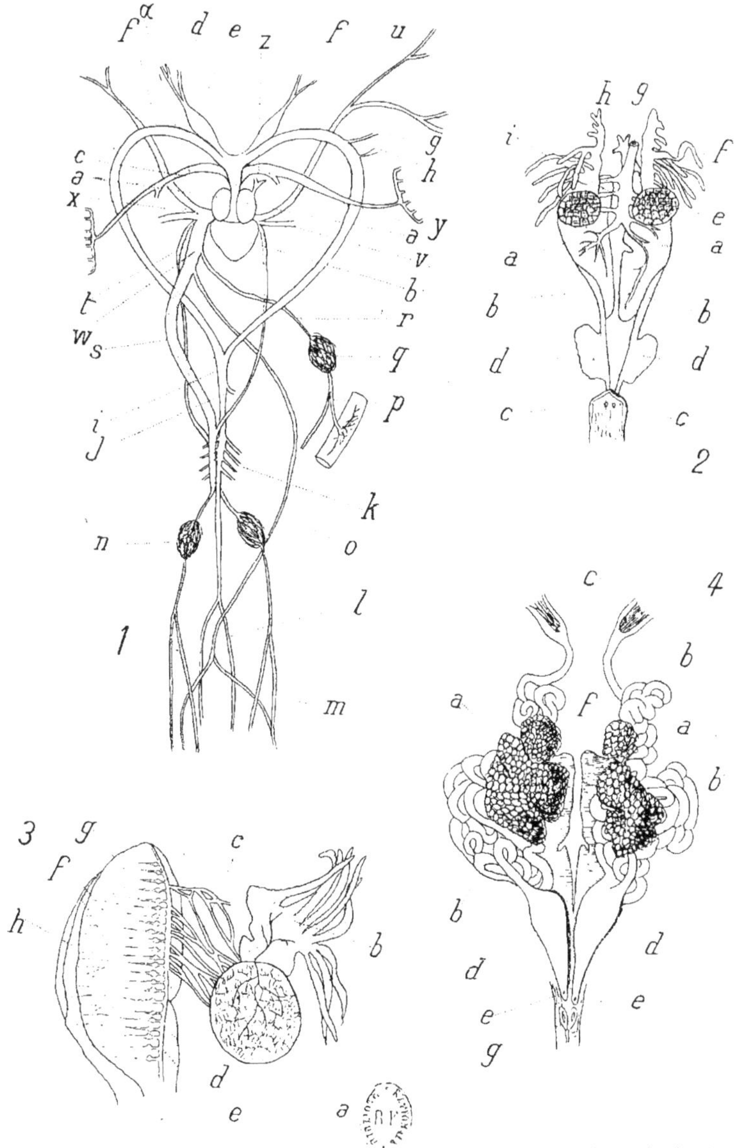

GRENOUILLE (Appareil circulatoire, Organes génito-urinaires)

V

POISSONS

LA ROUSSETTE ET LE CHIEN DE MER[1]
(SCYLLIUM CANICULA et ACANTHIAS VULGARIS)

---

1. Roussette, vue de côté. — *a*, bouche ; *b*, œil ; *c*, narines ; *d*, fentes branchiales ; *e*, nageoires dorsales ; *f*, nageoire caudale ; *g*, nageoire anale ; *h*, nageoires ventrales ; *i*, nageoires pectorales ; *j*, évent.

2. Chien de mer, vu de côté. — Mêmes lettres que **1**. *l*, ligne latérale.

3. Région des nageoires ventrales (*a*) **chez la femelle.** — *b*, anus ; *c*, orifice urinaire ; *d*, orifice génital ; *e*, pores abdominaux (dont l'existence est instable).

4. Région des nageoires ventrales (*a*) **chez le mâle.** — *b*, anus ; *c*, éminence uro-génitale ; *d*, pores abdominaux (dont l'existence est instable) ; *e*, appendices copulateurs (ptérygopodes)

5. Écaille de la peau.

6. Région buccale. — *a*, bouche ; *b*, narines.

7. Tube digestif. — *a*, œsophage ; *b*, estomac ; *c*, duodenum ; *d*, intestin ; *e*, glande sus-anale ; *f*, rectum ; *g*, anus ; *h*, foie ; *i*, vésicule biliaire ; *j*, pancréas.

8. Appareil urinaire chez la femelle. — *a*, corps de Wolff ; *b*, reins ; *c*, sinus urinaires ; *d*, orifice urinaire.

1. Leur anatomie est presque identique. On peut étudier sur l'un ou l'autre à volonté les caractères des sélaciens : les dessins ici représentés sont surtout relatifs à la Roussette. A défaut d'eux, prendre la Raie notamment pour le système nerveux, très facile à disséquer.

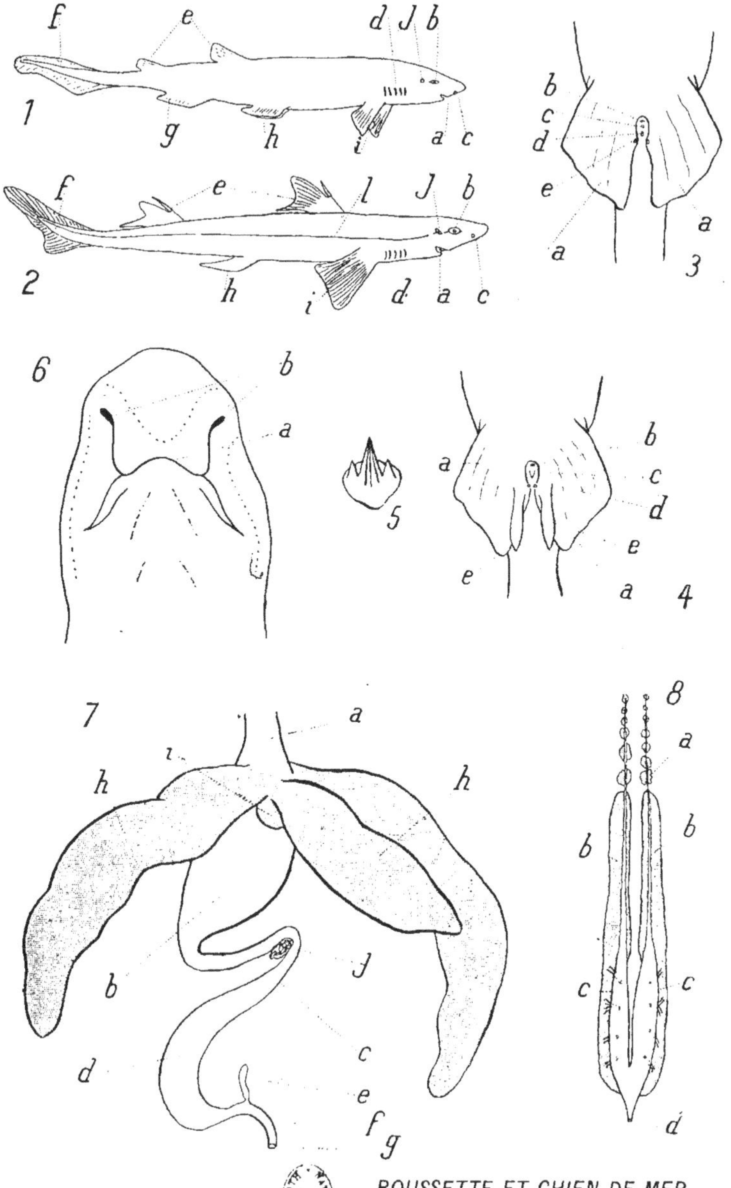

ROUSSETTE ET CHIEN DE MER

Légende de la Planche XIX.

LA ROUSSETTE ET LE CHIEN DE MER
(SCYLLIUM CANICULA et ACANTHIAS VULGARIS)

1. Encéphale, vu par la face supérieure. — *a*, cerveau antérieur ; *b*, lobe olfactif ; *c*, bandelette olfactive ; *d*, cerveau intermédiaire ; *e*, glande pinéale coupée ; *f*, cerveau moyen ; *g*, cerveau postérieur ; *h*, arrière-cerveau ; *i*, sinus rhomboïdal ; *j*, nerfs optiques ; *k*, nerfs de la quatrième paire ; *l*, nerfs de la septième paire ; *m*, nerfs de la huitième paire ; *n*, nerfs de la neuvième paire ; *o*, nerfs de la dixième paire.

2. Encéphale, vu par la face inférieure. — Mêmes lettres que **1**. *p*, lobes inférieurs ; *q*, hypophyse ; *s*, *saccus vasculosus ; t*, nerfs de la cinquième et septième paires ; *u*, nerfs de la sixième paire.

3. Encéphale vu par le côté. — *a*, cerveau antérieur ; *b*, lobe olfactif ; *c*, bandelette olfactive ; *d*, cerveau intermédiaire ; *e*, glande pinéale coupée ; *f*, lobes inférieurs ; *g*, hypophyse ; *h*, *saccus vasculosus ; i*, cerveau moyen ; *j*, cerveau postérieur ; *k*, arrière-cerveau ; *l*, nerfs optiques ; *m*, nerfs de la troisième paire ; *n*, nerfs de la cinquième paire ; *o*, nerfs de la sixième paire ; *p*, nerfs de la septième paire ; *q*, nerfs de la huitième paire ; *r*, nerfs de la neuvième paire ; *s*, nerfs de la dixième paire.

4. Nerfs de la région céphalique, vus de côté. — *a*, nerf optique ; *b*, nerf moteur oculaire commun ; *c*, nerf pathétique ; *d*, nerf trijumeau ; *e*, nerf moteur oculaire externe ; *f*, nerf facial ; *g*, nerf glosso-pharyngien ; *h*, nerf vague ; *i*, fentes branchiales ; *j*, nerfs rachidiens : *k*, plexus brachial ; *l*, capsule auditive ; *m*, évent ; *n*, orbite ; *o*, bouche.

5. Œuf, un peu plus petit que grandeur naturelle.

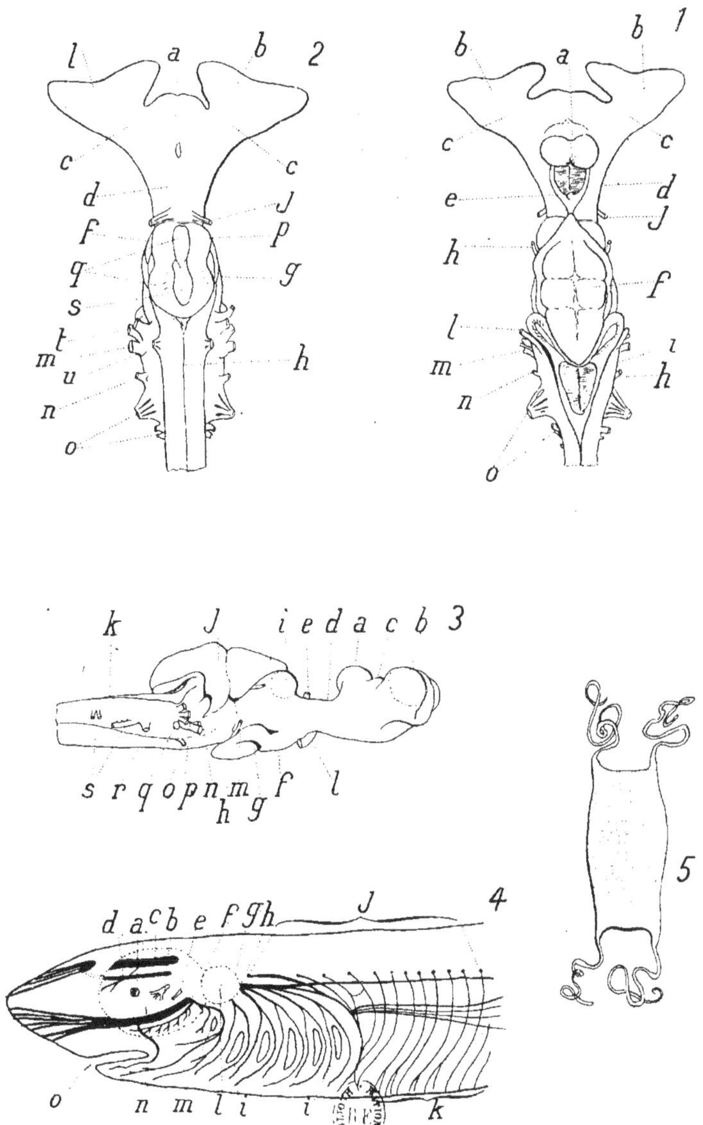

ROUSSETTE ET CHIEN DE MER (Système nerveux)

LA ROUSSETTE ET LE CHIEN DE MER
(SCYLLIUM CANICULA et ACANTHIAS VULGARIS)

1. Organes génitaux femelles. — *a*, ovaires (il n'y en a qu'un chez l'**Acanthias vulgaris**); *b*, pavillon; *c*, oviducte; *d*, rectum; *e*, anus; *f*, orifice urinaire; *g*, orifice génital.

2. Organes génito-urinaires mâles (demi-schématique). — *a*, testicule, figuré très schématiquement (il est, en réalité, beaucoup plus gros); *b*, canaux efférents; *c*, canal de Wolff; *d*, vésicule séminale; *e*, sinus uro-génital; *f*, sac spermatique *g*, papille uro-génitale; *h*, canaux du rein définitif; *i*, uretères; *j*, orifice avec rudiments d'oviductes, représentant des organes femelles avortés.

3. Cœur ouvert. — *a*, oreillette; *b*, ventricule; *c*, bulbe artériel; *d*, valvules du cône artériel; *e*, valvules auriculo-ventriculaires.

4. Cœur. — *a*, oreillette; *b*, ventricule; *c*, sinus veineux; *d*, arcs aortiques; *e*, bulbe aortique.

5. Valvule spirale de l'intestin.

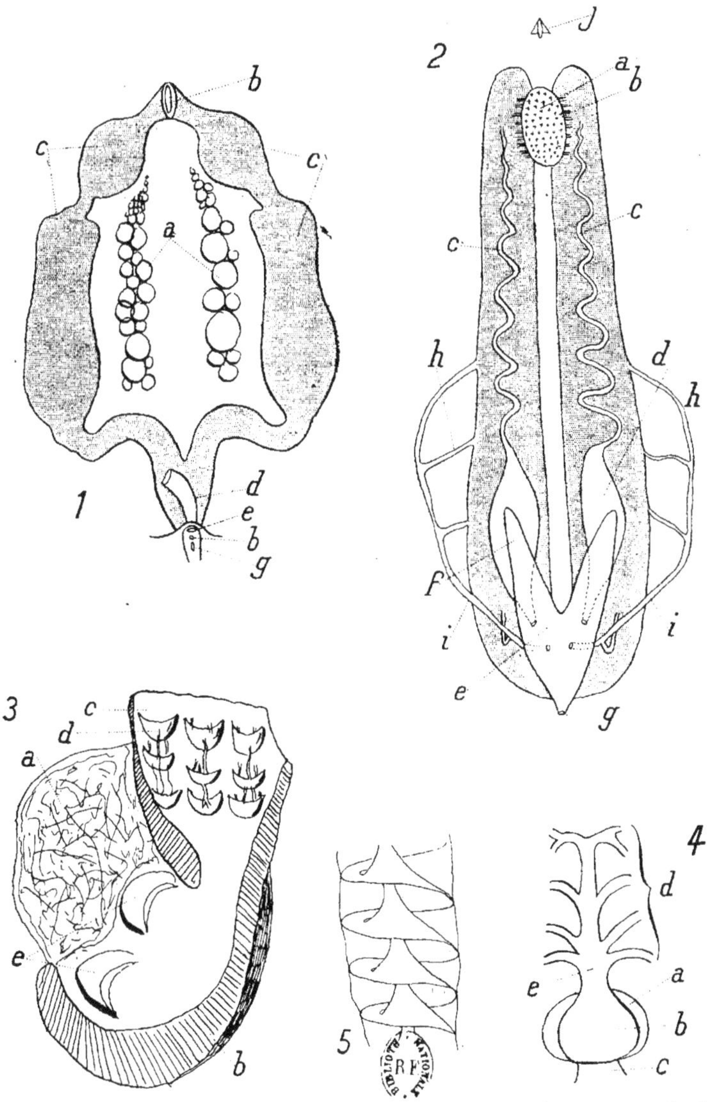

ROUSSETTE ET CHIEN DE MER (Organes génito-urinaires, cœur, etc..)

LE MERLAN (GADUS MERLANGUS)

1. Merlan, vu de côté. — *a*, nageoires dorsales ; *b*, nageoire caudale ; *c*, nageoires anales ; *d*, anus, orifice génital et orifice urinaire ; *e*, nageoires abdominales ; *f*, nageoires pectorales ; *g*, fente de l'opercule ; *h*, opercule ; *i*, bouche et dents ; *j*, narines ; *k*, œil ; *l*, tête ; *m*, ligne latérale.

2. Encéphale, vu par la face supérieure. — *a*, lobes olfactifs ; *b*, pédoncule olfactif ; *c*, hémisphères cérébraux ; *d*, glande pinéale ; *e*, lobes optiques ; *f*, cervelet ; *g*, nerf trijumeau ; *h*, nerf pneumogastrique ; *i*, moelle épinière.

3. Tube digestif. — *a*, œsophage ; *b*, petit lobe du foie ; *c*, grand lobe du foie ; *d*, estomac ; *e*, diverticule du foie ; *f*, appendices pyloriques ; *g*, intestin ; *h*, rectum ; *i*, anus.

4. Cœur. — *a*, aorte ; *b*, bulbe aortique ; *c*, ventricule ; *d*, oreillette.

5. Tête, vue par la face ventrale. — *a*, opercule un peu écarté ; *b*, branchies ; *c*, nageoires abdominales.

6. Portion d'une branchie. — *a*, arc osseux, garni d'épines ; *b*, filaments branchiaux.

7. Deux écailles vues au microscope. — *a*, région pigmentée ; *b*, zones concentriques d'accroissement ; *c*, centre de l'écaille.

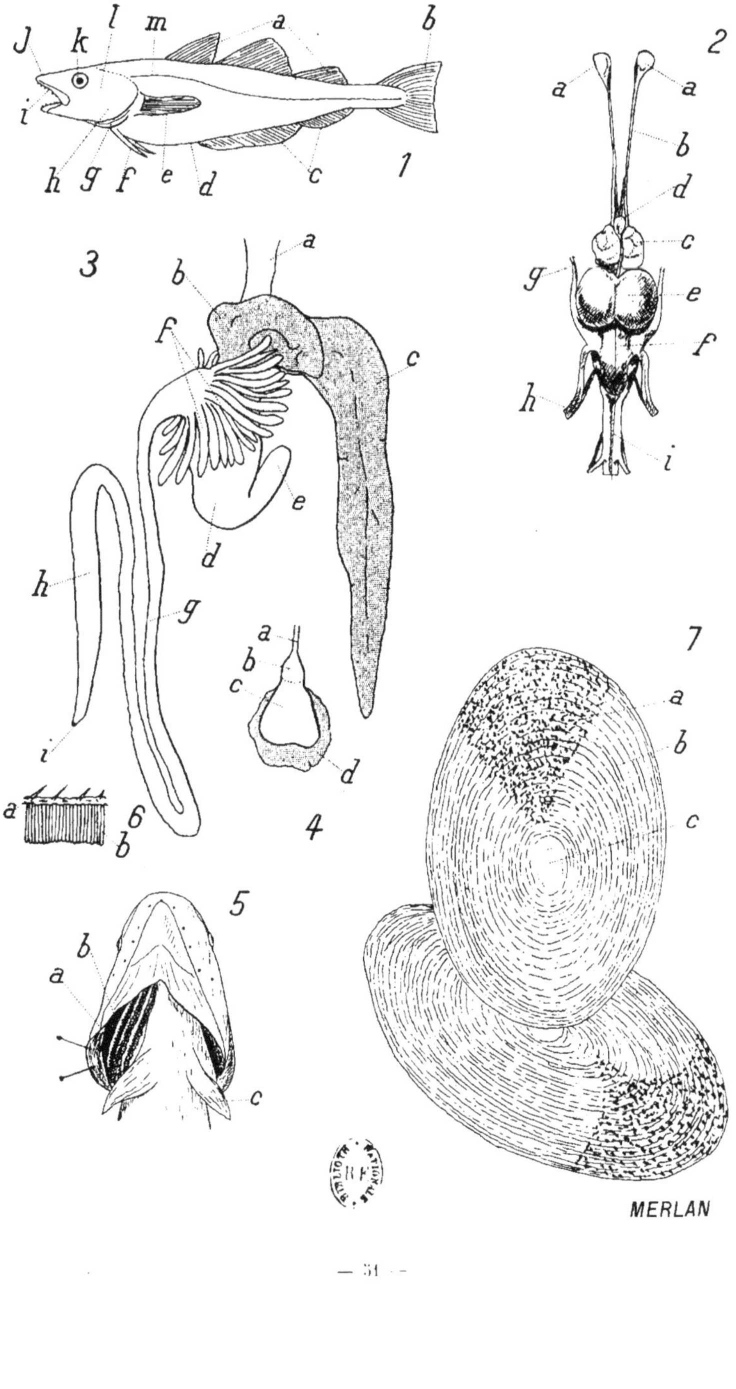
1
J k l m a b
i h g f e d c
2
a a b d c g e f h i
3
a b c f d e h g i
4
a b c d
5
b a c
6
a b
7
a b c

MERLAN

VI

MOLLUSQUES

LA SEICHE (SEPIA OFFICINALIS)

1. Seiche, vue par la face ventrale. — *a*, bras ordinaires (on n'a pas représenté les ventouses); *b*, bouche; *c*, bras tentaculaires; *d*, palette des bras tentaculaires couverte de ventouses; *e*, tête; *f*, entonnoir; *g*, manteau; *h*, nageoires; *i*, flèche pénétrant dans la cavité palléale.

2. Seiche, vue latéralement. — *a*, bras; *b*, bras tentaculaires; *c*, tête; *d*, œil gauche; *e*, entonnoir; *f*, face ventrale; *g*, face dorsale; *h*, la coquille (os de seiche) supposée vue par transparence; *i*, cavité (supposée vue par transparence) où se retirent les bras tentaculaires.

3. Seiche, vue par la face dorsale. — *a*, yeux; *b*, emplacement de la coquille interne.

4. Seiche vivante, vue de trois quarts, couchée sur la face ventrale. — *a*, bras; *b*, entonnoir; *c*, œil.

5. Les deux mandibules, telles qu'elles sont emboîtées dans le bulbe buccal.

6. Mandibules écartées l'une de l'autre.

PLANCHE XXII.

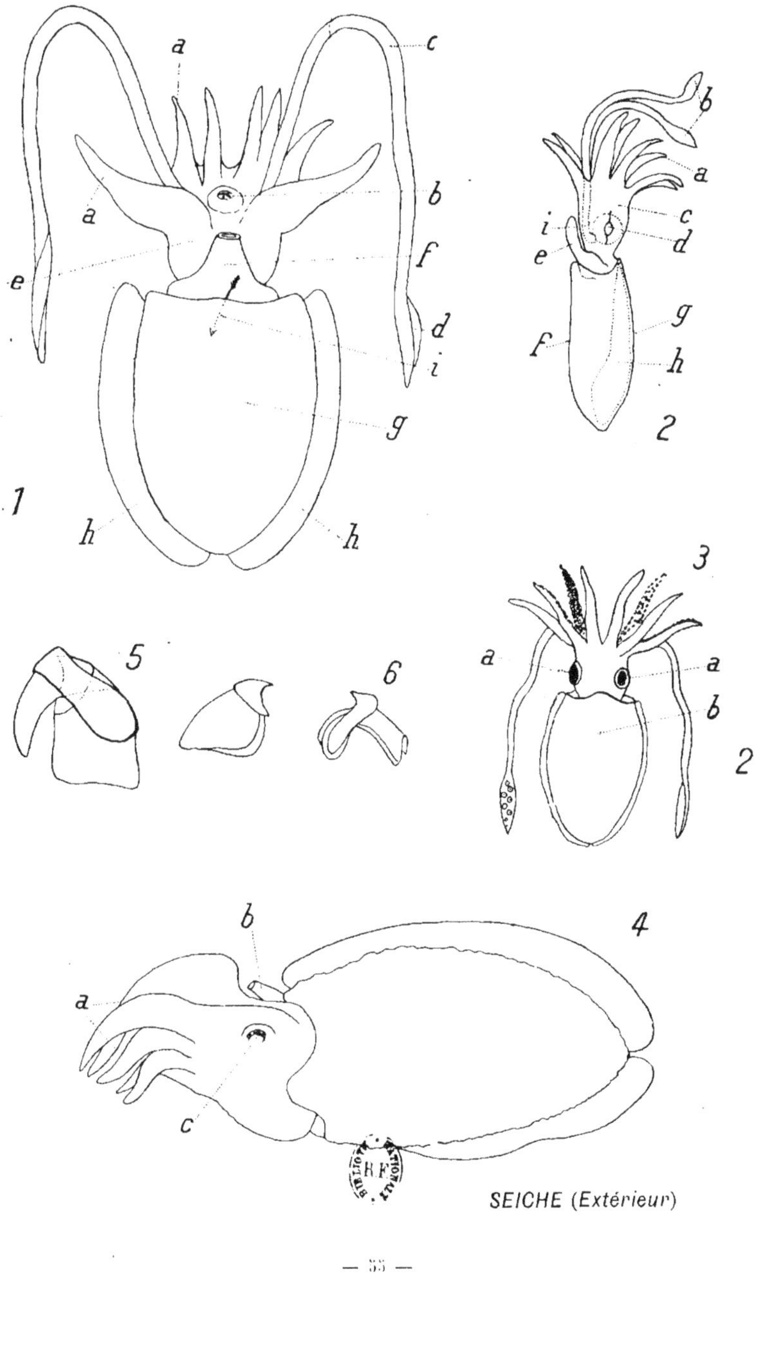

SEICHE (Extérieur)

LA SEICHE (SEPIA OFFICINALIS)

1. Bulbe buccal coupé en long par une section antéro-postérieure. — *a*, mandibule dorsale; *b*, mandibule ventrale; *c*, lèvre; *d*, langue; *e*, radula; *f*, conduit salivaire; *g*, œsophage.

2. Ventouse coupée en long. — *a*, pédicule; *b*, anneau corné; *c*, piston; *d*, sphincter; *e*, cavité acétabulaire.

3. Palette d'un bras tentaculaire couverte de ventouses.

4. Seiche vue par la face ventrale avec le manteau (*d*) **fendu et rabattu à droite et à gauche.** — *a*, bras; *b*, œil; *c*, entonnoir; *d*, manteau; *e*, branchies; *f*, masse viscérale; *g*, anus et (à l'intérieur) orifice de la poche du noir; *h*, orifices urinaires; *i*, orifice génital.

5. Os de Seiche, vue par la surface supérieure. — *a*, rostre.

6. Radula, vue au microscope.

7. Cœur. — *a*, ventricule; *b*, oreillettes; *c*, aorte céphalique; *d*, aorte abdominale; *e*, veines branchiales.

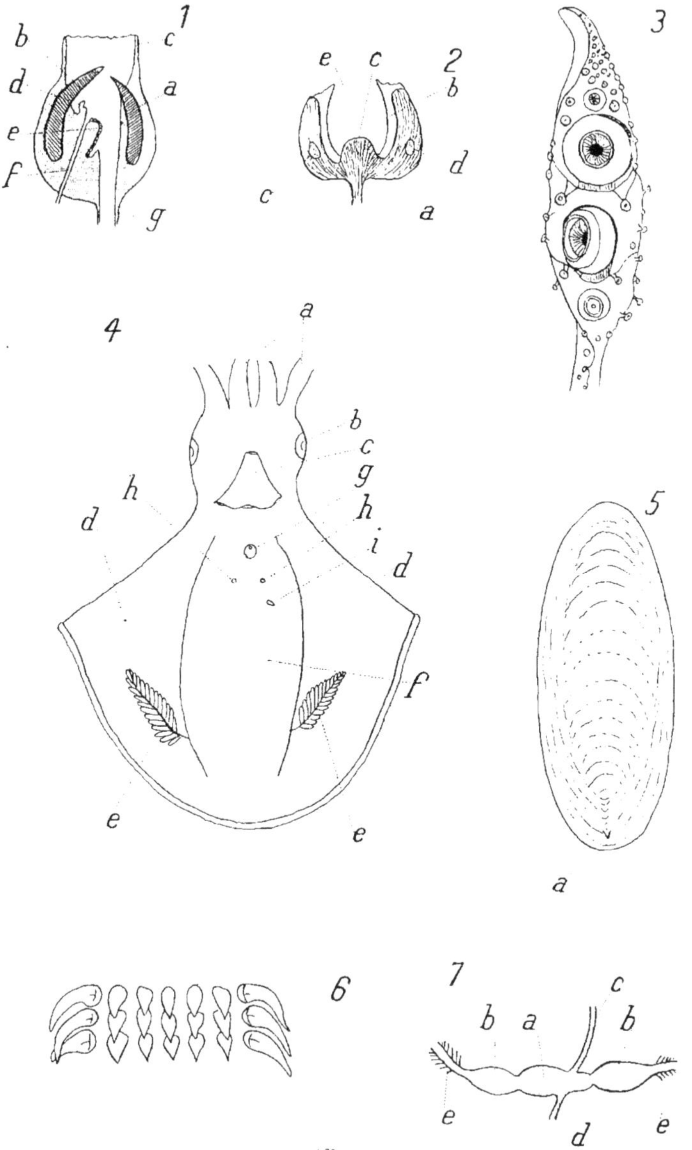

SEICHE (Organes divers)

Légende de la Planche XXIV.

LA SEICHE (SEPIA OFFICINALIS)

1. Ensemble du tube digestif. — *a*, bulbe buccal ; *b*, glandes salivaires ; *c*, œsophage ; *d*, foie ; *e*, estomac ; *f*, appendices pancréatiques couvrant les conduits hépatiques ; *g*, estomac spiral, où viennent s'ouvrir les conduits hépatiques : *h*, intestin ; *i*, anus ; *j*, poche du noir.

2. Organe de la circulation et de l'excrétion. — *a*, branchies ; *b*, ventricules ; *c*, aorte ; *d*, veine cave antérieure ; *e*, veine cave postérieure ; *f*, organes urinaires annexés aux veines ; *g*, veines branchiales afférentes ; *h*, cœurs branchiaux ; *i*, appendice des cœurs branchiaux ; *j*, oreilicttes ; *k*, veines latérales.

3. Ensemble du système nerveux. — *a*, ganglion cérébral ; *b*, ganglion viscéral ; *c*, ganglion buccal ; *d*, ganglion sus-pharyngien ; *e*, ganglion des bras ; *f*, ganglion étoilé ; *g*, otolithe ; *h*, ganglion optique.

4. Système nerveux central, vu par le côté. — *a*, œsophage ; *b*, bulbe buccal ; *c*, ganglions pédieux ; *d*, ganglions en patte d'oie ; *e*, ganglion cérébral ; *f*, ganglion viscéral ; *g*, ganglion suspharyngien ; *h*, ganglion buccal.

1

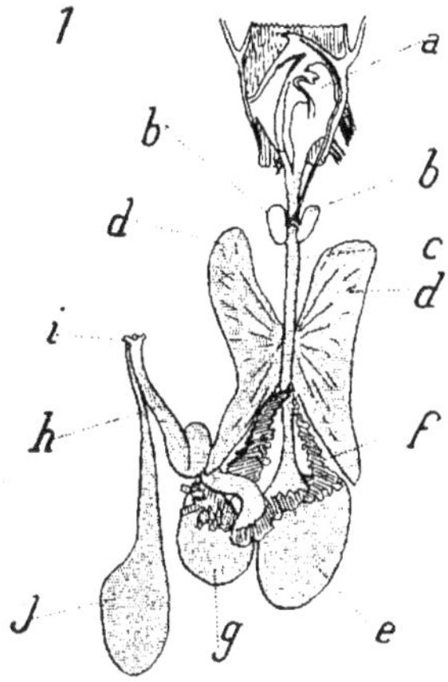

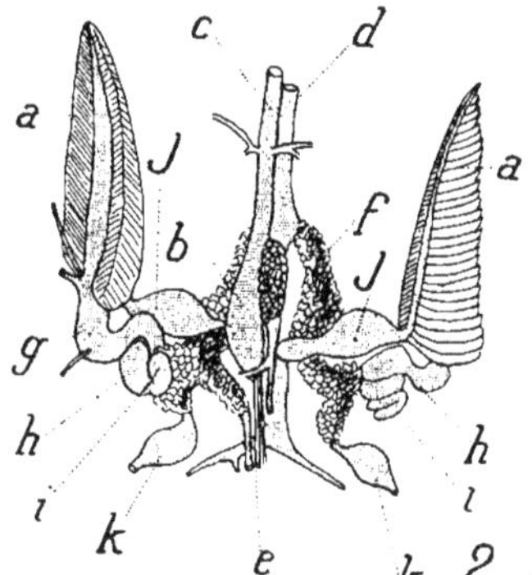

2

3

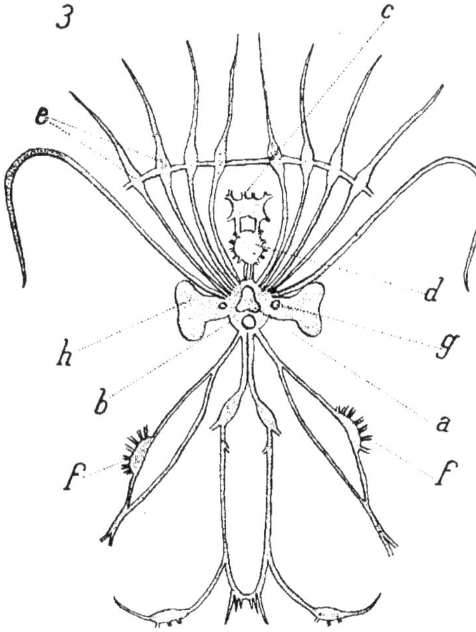

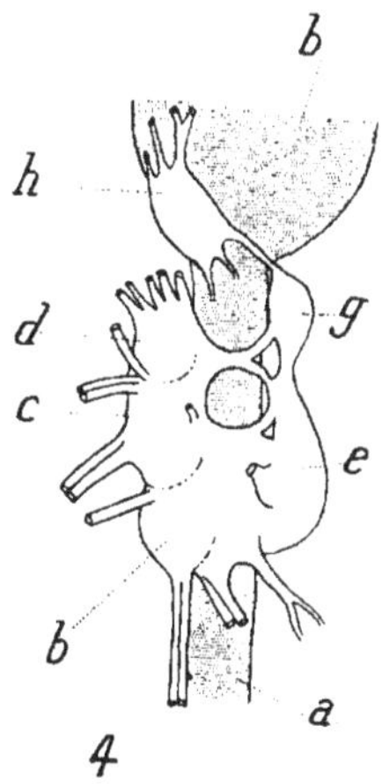

4

SEICHE (*Tube digestif, système nerveux, etc...*)

LA SEICHE (SEPIA OFFICINALIS)

1. Organes génitaux femelles. — *a*, ovaires; *b*, oviducte; *c*, orifice de l'oviducte; *d*, glandes de l'oviducte; *e*, glandes nidamentaires; *f*, glandes nidamentaires accessoires; *g*, reins; *h*, uretères; *i*, cœur branchial; *j*, glande péricardique; *k*, branchies; *l*, anus.

2. Ensemble de l'appareil veineux. — *a*, sinus du bras; *b*, sinus péri-buccal; *c*, sinus crânien; *d*, sinus ophtalmique; *e*, veines palléales supérieures; *f*, veine de l'entonnoir; *g*, veines hépatiques; *h*, veines de l'estomac; *i*, grande veine; *j*, veines caves; *k*, cœurs branchiaux; *l*, branchies; *m*, veine impaire postérieure; *n*, veines latérales postérieures.

3. Paquet d'œufs (grandeur naturelle).

4. Organes génitaux mâles. — *a*, testicule; *b*, canal déférent; *c*, vésicule séminale; *d*, prostate; *e*, poche de Needham; *f*, orifice génital.

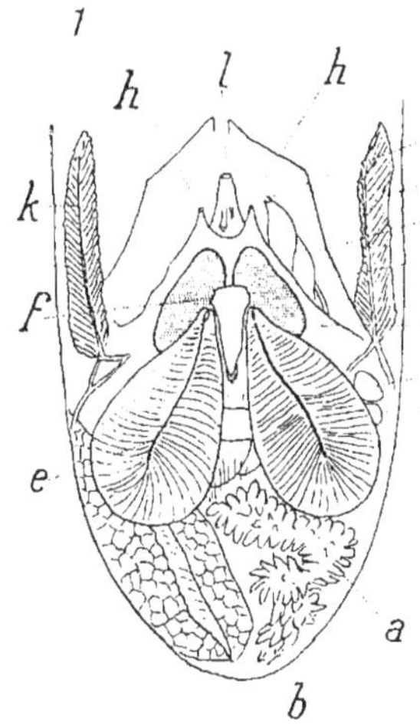

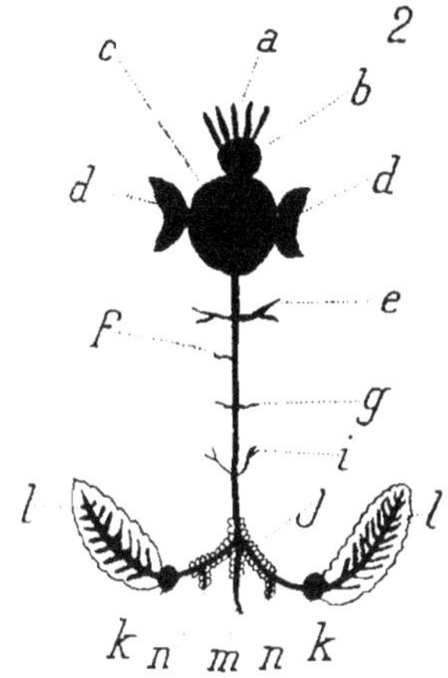

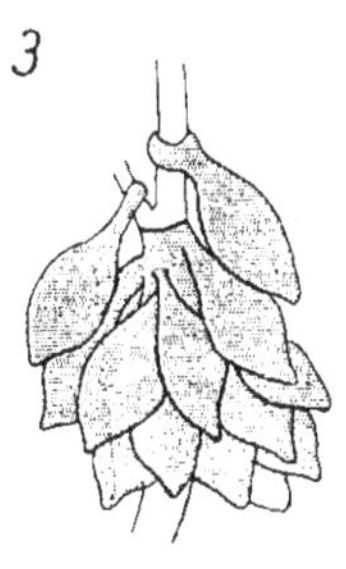

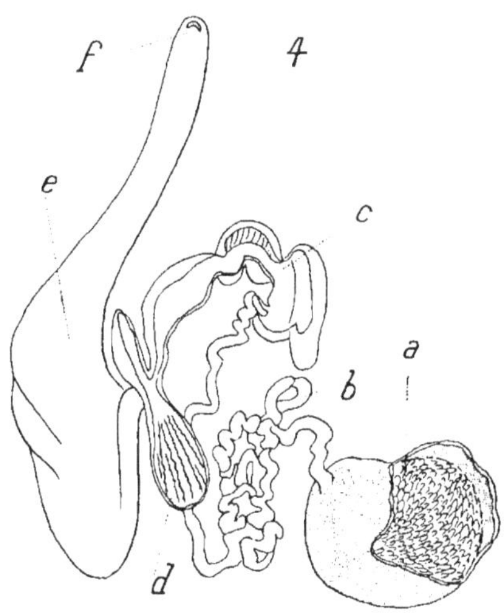

SEICHE (Organes génitaux, etc...)

LA MOULE (MYTILUS EDULIS)

1. Coquille, vue par la face dorsale. — *a*, crochet ; *b*, ligament ; *c*, valve droite ; *d*, valve gauche.

2. Valves de la coquille, étalées et vues par leur face interne. — *a*, valve gauche ; *b*, valve droite ; *c*, crochet ; *d*, insertion du muscle adducteur supérieur ; *e*, insertion du muscle adducteur inférieur ; *f*, insertion du bord du manteau ; *g*, ligament.

3. Moule extraite de sa coquille. — *a*, manteau ; *b*, bord du manteau ; *c*, bouche ; *d*, palpes labiaux ; *e*, pied ; *f*, byssus ; *g*, branchies.

4. Moule étalée sur le dos, après avoir été isolée de la coquille, et avec les branchies et le manteau un peu fendus dans la région inférieure. — *a*, muscle adducteur supérieur ; *b*, bouche ; *c*, palpes labiaux ; *d*, pied, rabattu à gauche ; *e*, glande du byssus ; *f*, byssus ; *g*, glande génitale ; *h*, orifice du rein (organe de Bojanus) ; *i*, branchies ; *j*, muscle adducteur inférieur ; *k*, anus ; *l*, manteau.

5. Cœur (schéma). — *a*, ventricule ; *b*, oreillette ; *c*, rectum ; *d*, péricarde ; *e*, cavité péricardique.

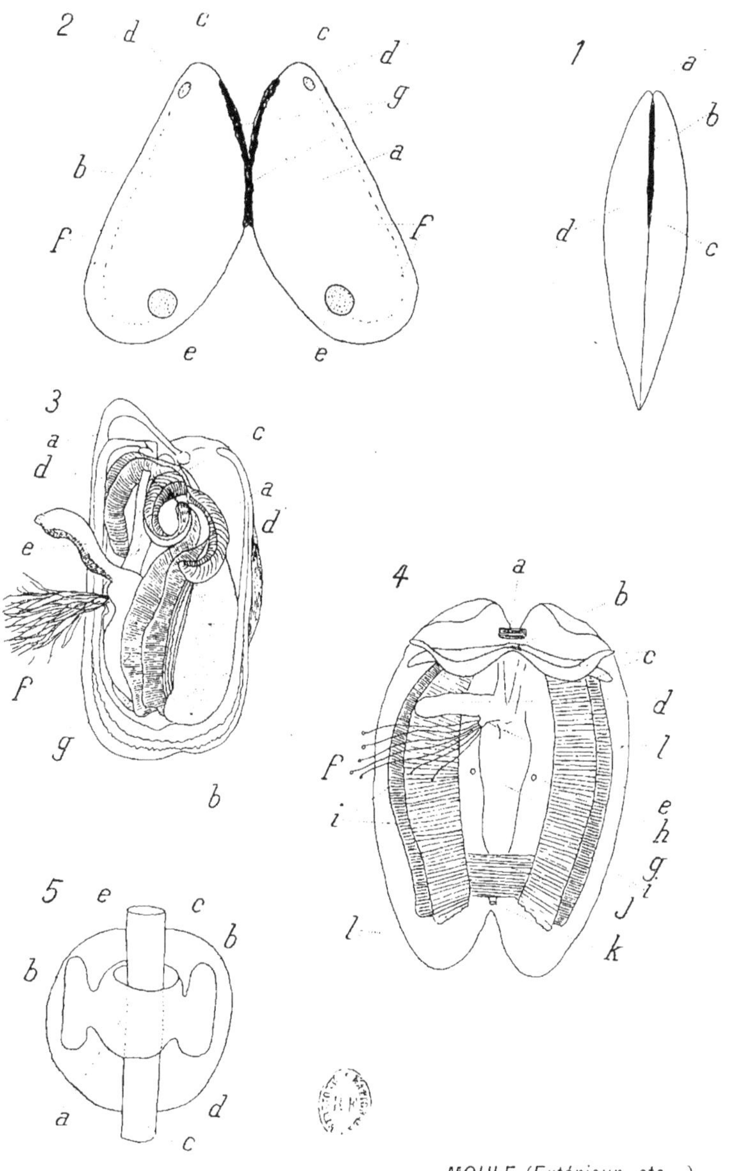

MOULE (Extérieur, etc...)

LA MOULE (MYTILUS EDULIS)

1. Système nerveux. — La moule est étalée sur le dos et on a coupé les branchies (imité de Boutan). — *a*, capuchon céphalique ; *b*, nerf palléal supérieur ; *c*, palpe labial ; *d*, ganglions cérébroïdes ; *e*, ligne d'insertion des branchies sectionnées ; *f*, commissure cérébro-pédieuse ; *g*, ganglions pédieux ; *h*, pied ; *i*, rein (organe de Bojanus) ; *j*, masse génitale ; *k*, connectif cérébro-viscéral ; *l*, ganglions viscéraux ; *m*, nerf branchial ; *n*, nerf palléal inférieur ; *o*, anus ; *p*, trou anal du manteau ; *q*, manteau.

2. Schéma du système nerveux des acéphales, vu de face. — *a*, ganglions cérébroïdes ; *b*, ganglions pédieux ; *c*, ganglions viscéraux.

3. Schéma du système nerveux des acéphales, vu de côté. — Mêmes lettres que **2**. *d*, tube digestif.

4. Schéma du système nerveux de la moule, vu de face. — Mêmes lettres que **2**. La commissure cérébro-pédieuse est soudée vers le haut avec la commissure cérébro-viscérale.

5. Bords des branchies vus au microscope. — *a*, cils vibratiles, animés d'un mouvement très actif (Observer dans l'eau de mer qui s'écoule de la moule quand on l'ouvre).

6. Tube digestif vu de face (schéma, d'après Boutan). — *a*, muscle adducteur supérieur ; *c*, bouche ; *b*, palpes labiaux ; *d*, œsophage ; *e*, foie ; *f*, estomac ; *g*, cœur ; *h*, intestin ; *i*, muscle adducteur inférieur ; *j*, anus.

7. Tube digestif vu de profil (schéma, d'après Boutan). — Mêmes lettres que **6**. *k*, tige cristalline.

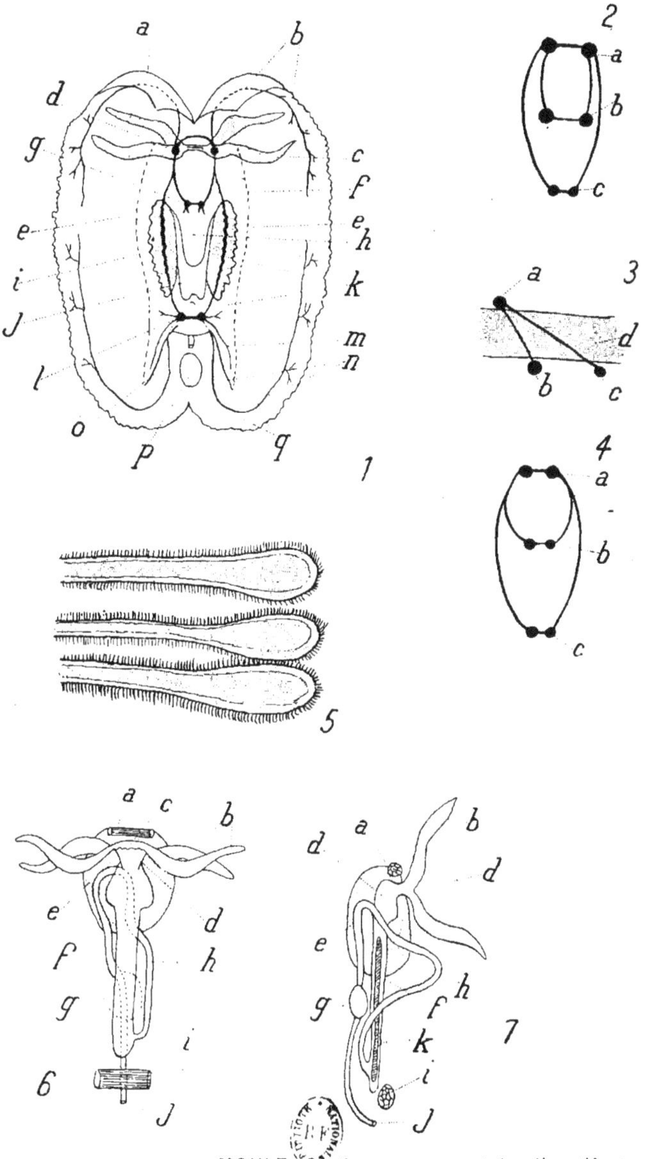

MOULE (Système nerveux, tube digestif, etc..)

L'ESCARGOT (HELIX POMATIA)

1. Escargot vivant[1]. — *a*, grand tentacule; *b*, œil; *c*, petit tentacule; *d*, tête; *e*, bord du pied; *f*, bord postérieur du pied; *g*, coquille; *h*, bord du manteau.

2. Escargot extrait de sa coquille et vu de côté. — *a*, grand tentacule, terminé par un œil; *b*, petit tentacule; *c*, région dorsale du corps; *d*, face plantaire; *e*, orifice génital; *f*, bord du manteau; *g*, pneumostome; *h*, rein; *i*, rectum; *j*, glande génitale; *k*, portion de l'oviducte; *l*, foie; *m*, muscle columellaire, décollé de la coquille.

3. Grand tentacule étalé (vu au microscope). — *a*, œil; *b*, ganglion nerveux; *c*, faisceau musculaire.

4. Grand tentacule contracté (vu au microscope). — Mêmes lettres que **3**.

5. Coquille coupée en long. — *a*, tours de spires; *b*, sommet; *c*, bouche; *d*, columelle.

6. Escargot rampant et un peu contourné sur lui-même. — *a*, pneumostome.

7. Escargot extrait de sa coquille et vu par la face dorsale. — *a*, grands tentacules; *b*, petits tentacules; *c*, orifice génital; *d*, partie dorsale du corps; *e*, bord du manteau; *f*, emplacement du pneumostome; *g*, région dorsale du manteau avec son réseau vasculaire (vu par transparence), qui le transforme en un poumon; *h*, ligne représentée par des + suivant laquelle on doit faire l'incision pour voir l'intérieur du poumon; *i*, cœur; *j*, rein; *k*, rectum; *l*, tortillon.

8. Région moyenne d'un escargot auquel on a pratiqué l'incision *h* de la figure **7** et dont on a rabattu le manteau à droite. — *a*, région dorsale de la partie antérieure du corps; *b*, région dorsale de la partie postérieure du corps; *c*, bord du manteau; *d*, pneumostome; *e*, plancher de la cavité palléale; *f*, cœur; *g*, rein; *h*, rectum; *i*, poumon (paroi supérieure de la cavité palléale); *j*, anus.

1. Pour tuer les Escargots, il suffit de les mettre dans un bocal *complètement* rempli d'eau et que l'on bouche hermétiquement. Le lendemain, les escargots sont morts étalés et, par suite, faciles à disséquer. Briser alors petit à petit la coquille avec une pince sous un filet d'eau. Pour l'étude on peut prendre d'autres espèces d'Escargots.

PLANCHE XXVIII.

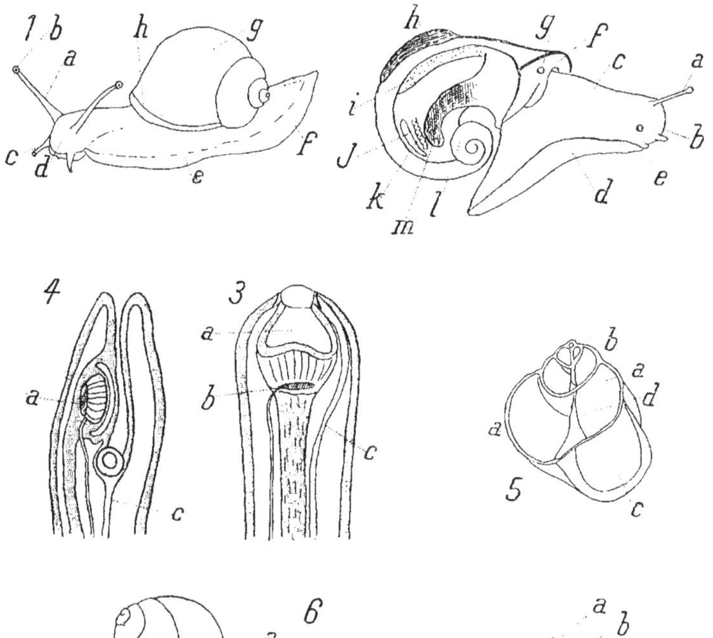

ESCARGOT (Extérieur, appareil respiratoire, etc...)

LÉGENDE DE LA PLANCHE XXIX.

L'ESCARGOT (HELIX POMATIA)

1. Dissection générale. — Le manteau a été rabattu à droite et les organes contenus dans le corps ont été un peu éloignés les uns des autres. — *a*, tête; *b*, petit tentacule retracté; *c*, grand tentacule retracté; *d*, bulbe buccal; *e*, ganglions cérébroïdes; *f*, œsophage; *g*, glandes salivaires; *h*, estomac; *i*, intestin; *j*, rectum; *h*, anus; *k*, rein; *l*, cœur; *m*, péricarde; *n*, poumon, avec son réseau vasculaire; *o*, penis; *p*, vagin; *q*, flagellum; *r*, poche du dard; *s*, glande multifide; *t*, vésicule séminale; *u*, oviducte; *v*, glande de l'albumine; *w*, glande hermaphrodite; *x*, hépato-pancréas; *y*, muscle rétracteur du pénis; *z*, muscle de la columelle.

2. Radula (portion de la), **vue au microscope.**

3. Mâchoire, vue au microscope.

4. Bulbe buccal, coupé en long. — *a*, bouche; *b*, radula; *c*, conduit salivaire; *d*, œsophage.

5. Système nerveux, tel qu'on le voit dans un examen sommaire.

6. Système nerveux, avec les éléments plus éloignés et plus distincts qu'on ne les voit en réalité (d'après L. JAMMES). — *a*, œsophage; *b*, bulbe buccal; *c*, ganglions cérébroïdes; *d*, commissure cérébrale; *e*, connectif cérébro-pédieux; *f*, connectif cérébro-viscéral; *g*, ganglions pédieux; *h*, otocyste; *i*, ganglions viscéraux; *j*, connectif du ganglion sympathique; *k*, nerf labial; *l*, nerf olfactif; *m*, nerf optique; *n*, nerf pédieux; *o*, nerfs palléaux; *p*, nerf viscéral.

7. Otocyste, vu au microscope. — *a*, otolithes, flottant dans un liquide.

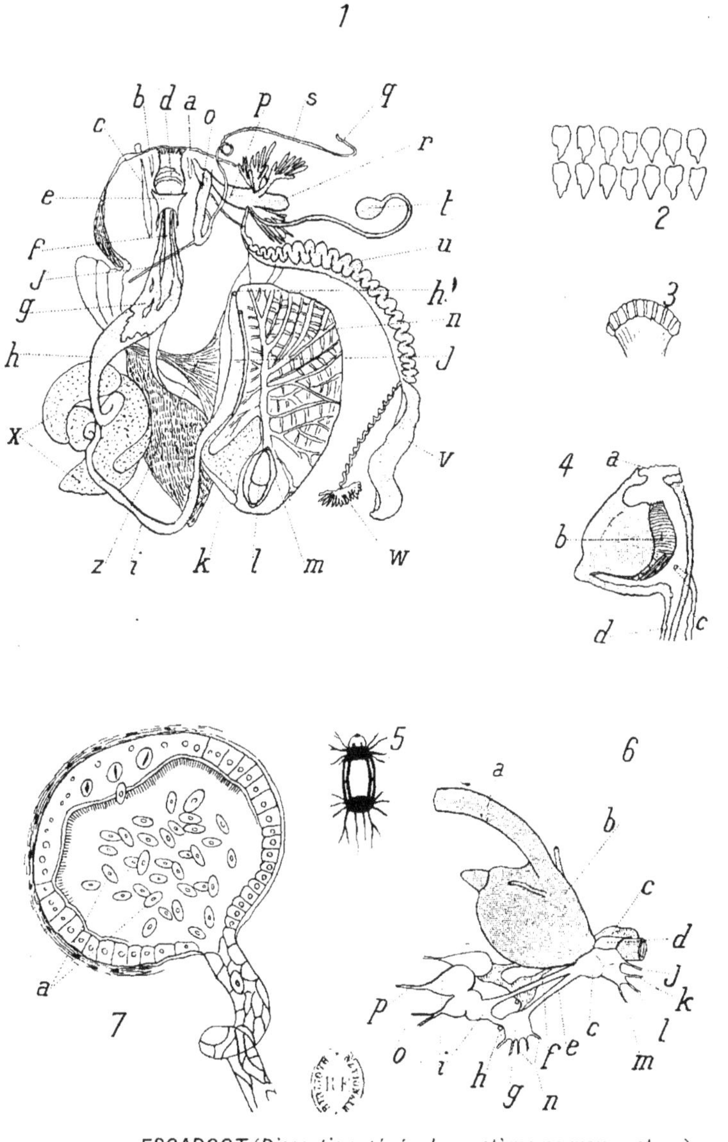

ESCARGOT (*Dissection générale, système nerveux, etc...*)

L'ESCARGOT (HELIX POMATIA)

1. Appareil génital (hermaphrodite). — *a*, glande hermaphrodite ; *b*, son canal excréteur ; *c*, glande de l'albumine ; *d*, oviducte et gouttière déférente ; *e*, canal déférent ; *f*, gaine du pénis ; *g*, flagellum ; *h*, réceptacle séminal ; *i*, vésicules multifides ; *j*, poche du dard (entr'ouverte) ; *k*, vestibule.

2. Poche du dard, coupée en long. — *a*, glande multifide ; *b*, dard.

3. Ensemble de l'appareil circulatoire. — *a*, ventricule ; *b*, oreillette ; *c*, péricarde ; *d*, réseau veineux du poumon ; *e*, aorte.

4. Appareil excréteur. — *a*, rectum ; *b*, rein ; *c*, uretère ; *d*, péricarde ; *e*, cœur.

5. Tube digestif, disséqué et étalé. — *a*, orifice buccal ; *b*, bulbe buccal ; *c*, bulbe de la radula ; *d*, conduits des glandes salivaires ; *e*, glandes salivaires ; *f*, œsophage ; *g*, estomac ; *h*, intestin ; *i*, rectum ; *j*, lobe principal de l'hépato-pancréas ; *k*, lobe du tortillon de l'hépato-pancréas ; *l*, anus.

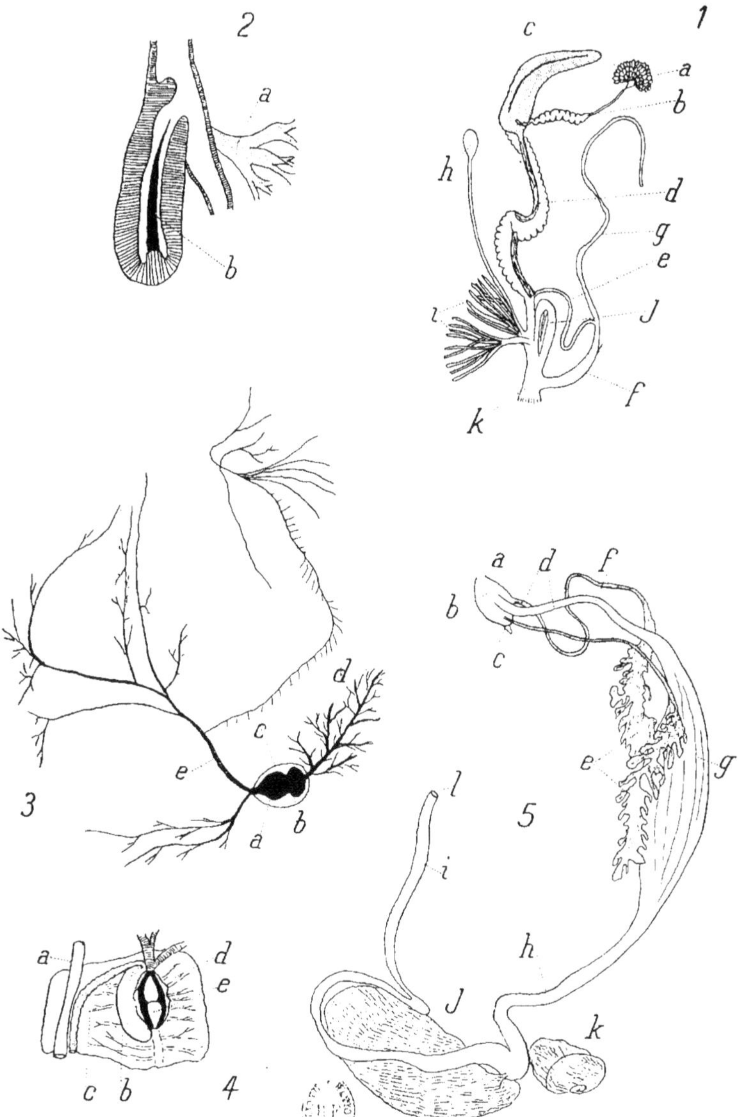

ESCARGOT. (*Organes génitaux, appareil circulatoire, tube digestif, etc..*)

VII

CRUSTACÉS

L'ÉCREVISSE (ASTACUS FLUVIATILIS) [1]

---

1. Écrevisse, vue par la face dorsale. — *a*, antennes; *b*, œil; *c*, antennule; *d*, pince; *e*, céphalo-thorax; *f*, région du cœur; *g*, pattes ambulatoires; *h*, abdomen.

2. Seconde patte ambulatoire. — *a*, coxopodite; *b*, basipodite; *c*, branchie; *d*, soie de l'exopodite; *e*, lame branchiale ou épipodite; *f*, ischiopodite; *g*, méropodite; *h*, carpopodite; *i*, propodite; *j*, dactylopodite.

3. Troisième maxillipède [2]. — *a*, lame branchiale; *b*, filaments branchiaux de la podobranchie; *c*, coxopodite; *d*, soies du coxopodite; *e*, basipodite; *f*, exopodite; *g*, ischiopodite; *h*, méropodite; *i*, carpopodite; *j*, propodite; *k*, dactylopodite.

4. Deuxième maxillipède [2].

5. Premier maxillipède [2].

6. Mandibule.

7. Seconde mâchoire.

8. Première mâchoire.

1. Les dessins, d'après Huxley.
2. Ou patte-mâchoire.

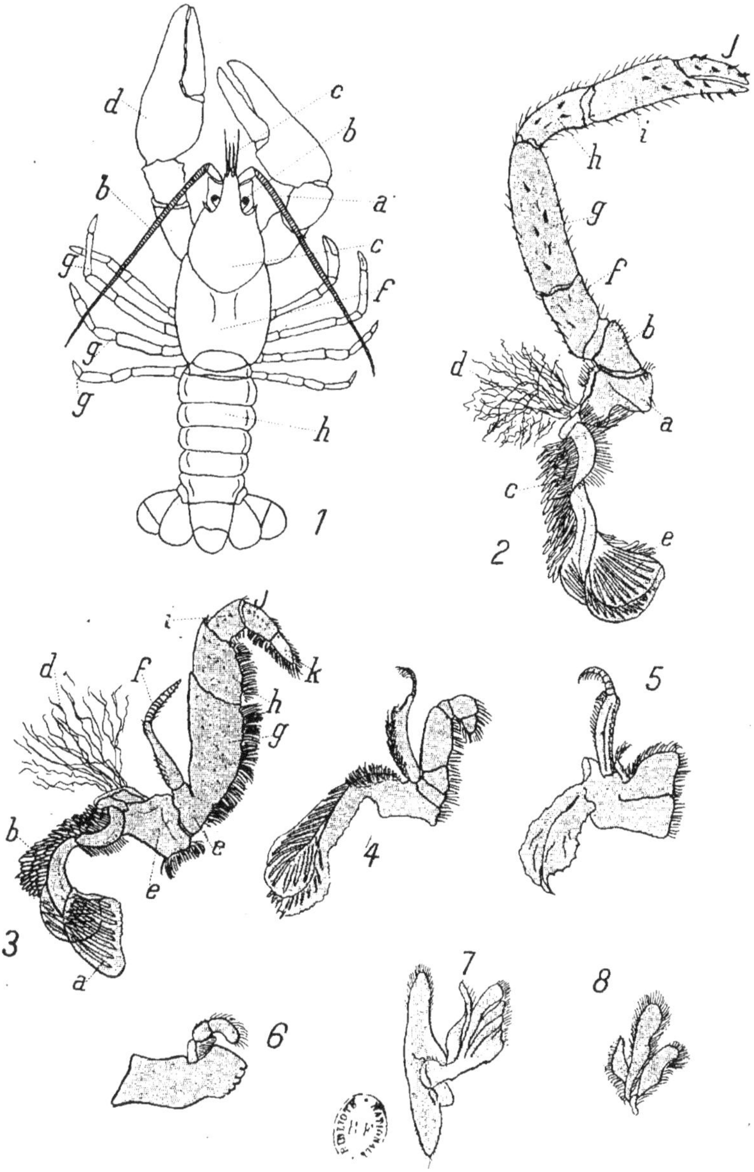

ÉCREVISSE (*Extérieur, pièces masticatrices*)

L'ÉCREVISSE (ASTACUS FLUVIATILIS)

1. Appendice terminal de l'abdomen.

2. Antenne (Base de l').

3. Antennule.

4. Second appendice de l'abdomen du mâle.

5. Premier appendice de l'abdomen du mâle.

6. Ensemble du système nerveux. — *a*, ganglions cérébroïdes; *b*, collier œsophagien; *c*, chaîne nerveuse ventrale; *d*, commissures écartées pour laisser passer l'artère sternale.

7. Troisième appendice de l'abdomen du mâle.

8. Premier appendice abdominal de la femelle.

9. Appareil respiratoire tel qu'on le voit lorsqu'on a enlevé une partie de la région latérale de la carapace. — *a*, podobranchies.

10. Le même, moins les podobranchies et montrant les arthrobranchies.

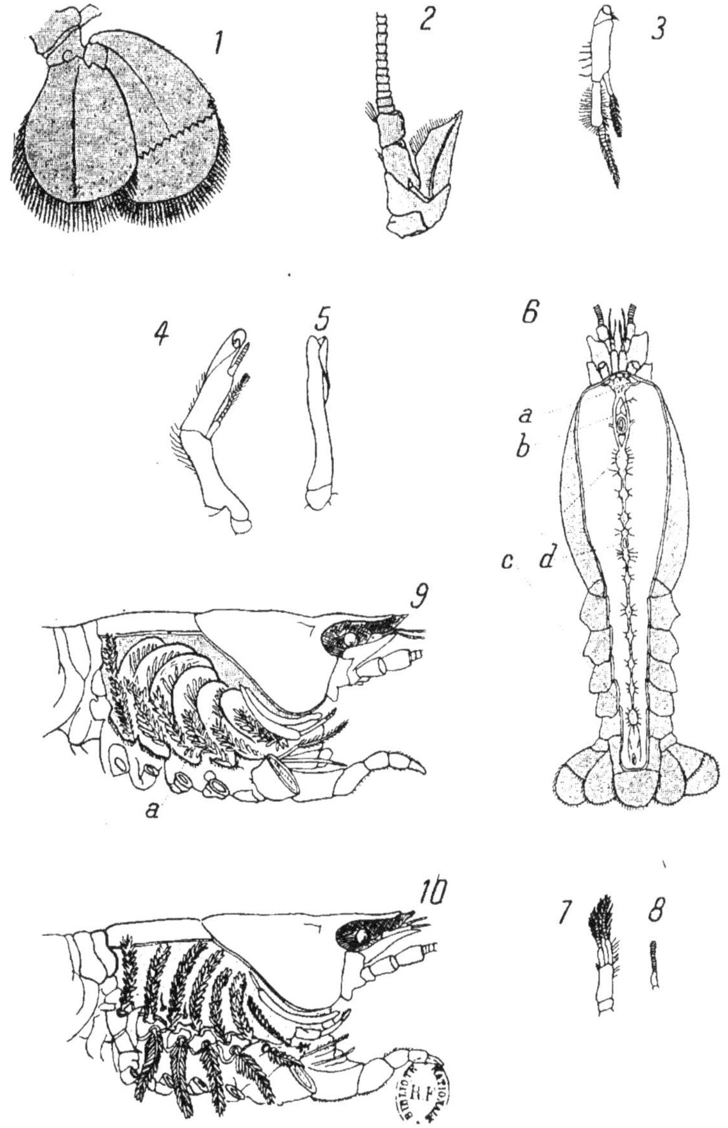

ÉCREVISSE (*Système nerveux, branchies, appendices*)

L'ÉCREVISSE (ASTACUS FLUVIATILIS)

1. Appareil circulatoire, vu par la face supérieure. — *a*, estomac; *b*, cœur; *c*, muscles; *d*, foie; *e*, testicule; *f*, canaux déférents; *g*, aorte; *h*, veine abdominale.

2. Tube digestif, vu par la face supérieure. — *a*, estomac; *b*, foie; *c*, intestin.

3. Tube digestif, vu de côté. — *a*, bouche; *b*, œsophage; *c*, estomac; *d*, masse calcaire (yeux de l'écrevisse); *e*, intestin; *f*, anus.

4. Masses calcaires de l'estomac (yeux de l'écrevisse), vues de face et de profil.

5. Cœur, vu en dessous. — *a*, orifices; *b*, artère sternale (coupée).

6. Cœur, vu en dessus. — *a*, orifices; *b*, muscles.

7. Cœur, vu de côté. — *a*, orifices; *b*, artère sternale.

8. Schéma du cœur, vu de côté. — *a*, artère abdominale; *b*, cœur; *c*, orifice; *d*, aorte; *e*, artère sternale; *f*, portion de la chaîne nerveuse ventrale.

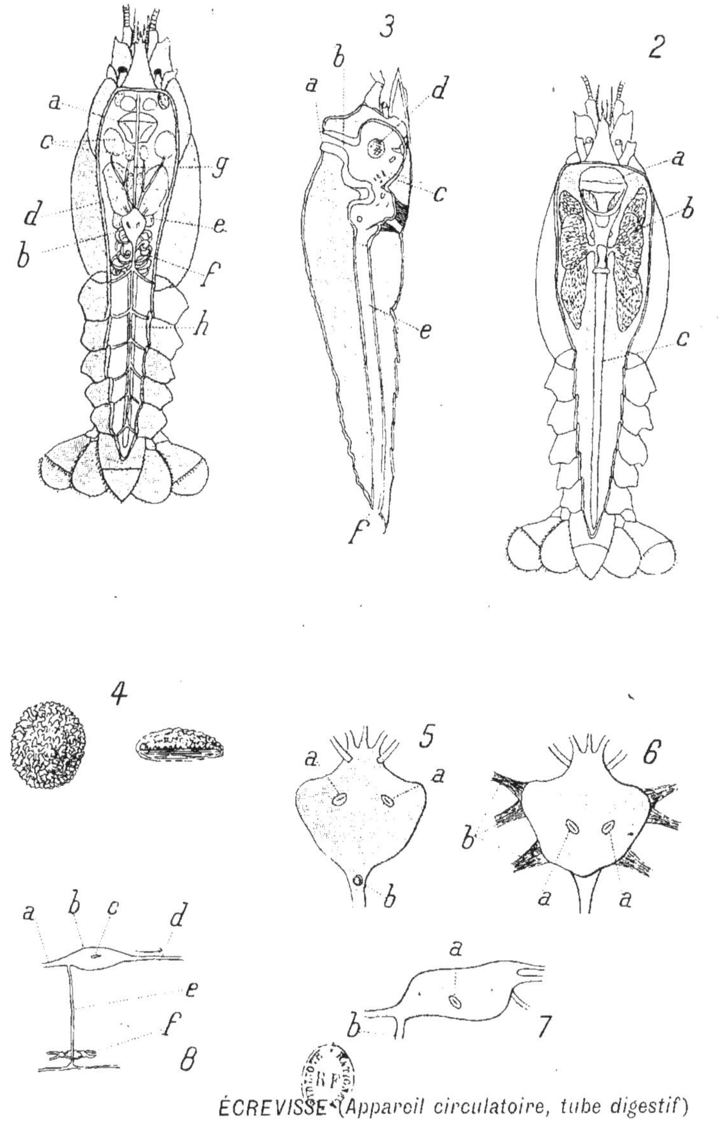

ÉCREVISSE (Appareil circulatoire, tube digestif)

Légende de la Planche XXXIV.

L'ÉCREVISSE (ASTACUS FLUVIATILIS)

1. Portion antérieure d'une écrevisse disséquée, vue par-dessus. — *a*, reins; *b*, œsophage (coupé).

2. Portion antérieure d'une écrevisse disséquée, vue de côté. — *a*, reins; *b*, vessie; *c*, orifice urinaire.

3. Appareil urinaire isolé. — Mêmes lettres que **2**.

4. Pédoncule oculaire, coupé en long.

5. Portion de l'œil coupée en long et vue au microscope.

6. Appareil auditif (*a*), à la base d'une antennule (*b*).

7. Organes génitaux femelles. — *a*, ovaire; *b*, oviductes; *c*, orifices génitaux.

8. Organes génitaux mâles. — *a*, testicule; *b*, canaux déférents; *c*, orifices génitaux.

9. Jeunes écrevisses cramponnées à une patte de leur mère. — *a*, reste des œufs d'où sont sorties les jeunes écrevisses.

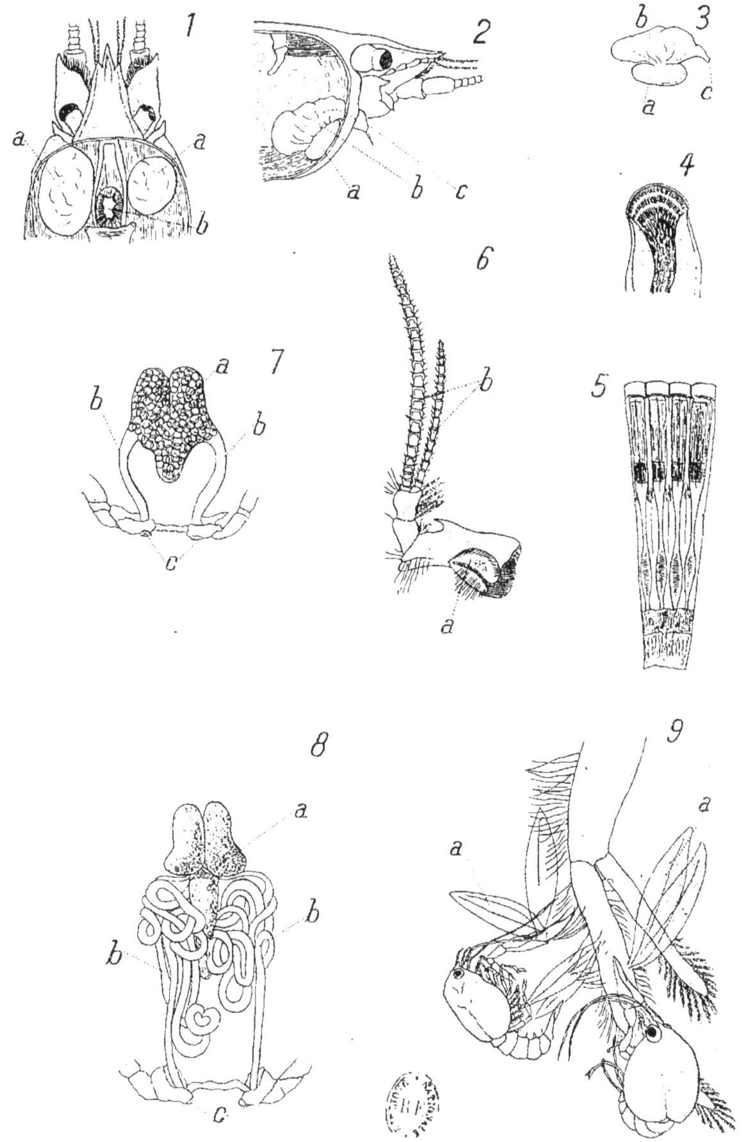

ÉCREVISSE (Organes génitaux, rein, etc...)

LÉGENDE DE LA PLANCHE XXXV.

LE CRABE (CARCINUS MŒNAS)

1. Animal vu de dos. — *a*, abdomen recourbé sous le ventre ; *b*, région du cœur ; *c*, carapace du céphalothorax.

2. Portion de la face ventrale avec l'abdomen étalé en arrière (chez un crabe femelle). — *a*, bord de la carapace ; *b*, bouche ; *c*, base d'une patte ; *d*, orifices femelles ; *e*, pattes abdominales où s'accrochent les œufs ; *f*, abdomen étalé de force en arrière ; *g*, anus.

3, 4, 5, 6. Pièces buccales isolées.

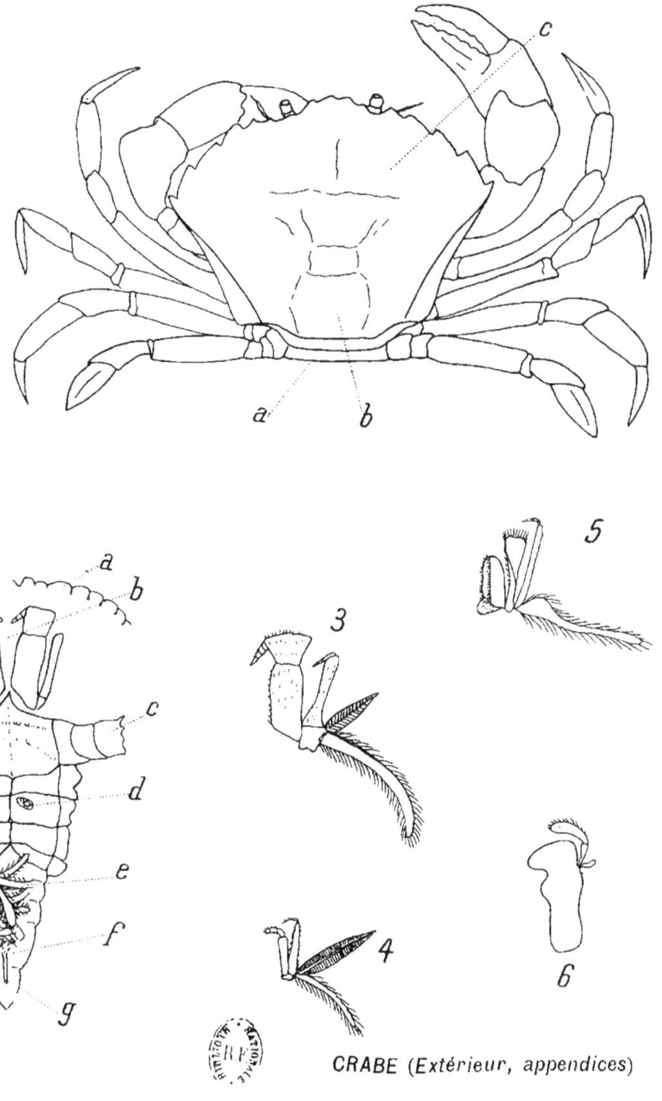

CRABE (Extérieur, appendices)

LE CRABE (CANCER PAGURUS)

---

1. Dissection sommaire (On a enlevé la partie dorsale de la carapace). — *a*, muscles moteurs des mandibules; *b*, cœur; *c*, testicule; *d*, canal déférent; *e*, foie; *f*, branchies.

2. Système nerveux. — *a*, ganglions cérébroïdes; *b*, collier œsophagien; *c*, masse nerveuse ventrale; *d*, orifice par lequel passe l'artère sternale.

3. Larve de crabe (Zoé) très grossie.

4. Larve de crabe, plus âgée que celle à la phase Zoé.

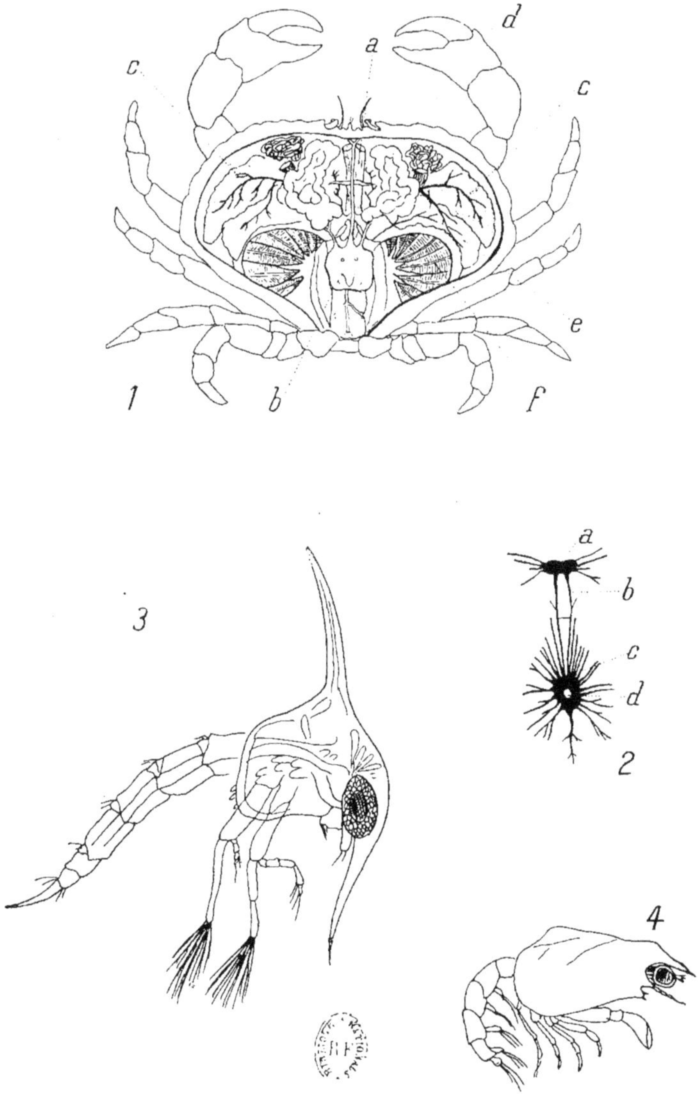

CRABE (Dissection générale, système nerveux, etc...)

Légende de la Planche XXXVII.

CRUSTACÉS DIVERS

1. *Branchipus stagnalis* (mâle). — *a*, antenne antérieure ; *b*, antenne postérieure ; *c*, œil impair ; *d*, mandibules ; *e*, glande du test ; *f*, cœur ou vaisseau dorsal ; *g*, orifices du cœur ; *h*, intestin ; *i*, pénis ; *j*, sacs branchiaux ; *k*, lames branchiales ; *l*, œil pédonculé pair.

2. *Lepas anatifera* (Anatife). — *a*, pédoncule fixé à un support ; *b*, valves calcaires ; *c*, pattes ; *d*, pénis.

3. *Lepas anatifera*, dont on a enlevé une des valves pour montrer l'animal (*a*) qui y est contenu ; *b*, pattes ; *c*, pénis ; *d*, muscle.

4. *Gammarus pulex* (Crevette des ruisseaux), vu de côté.

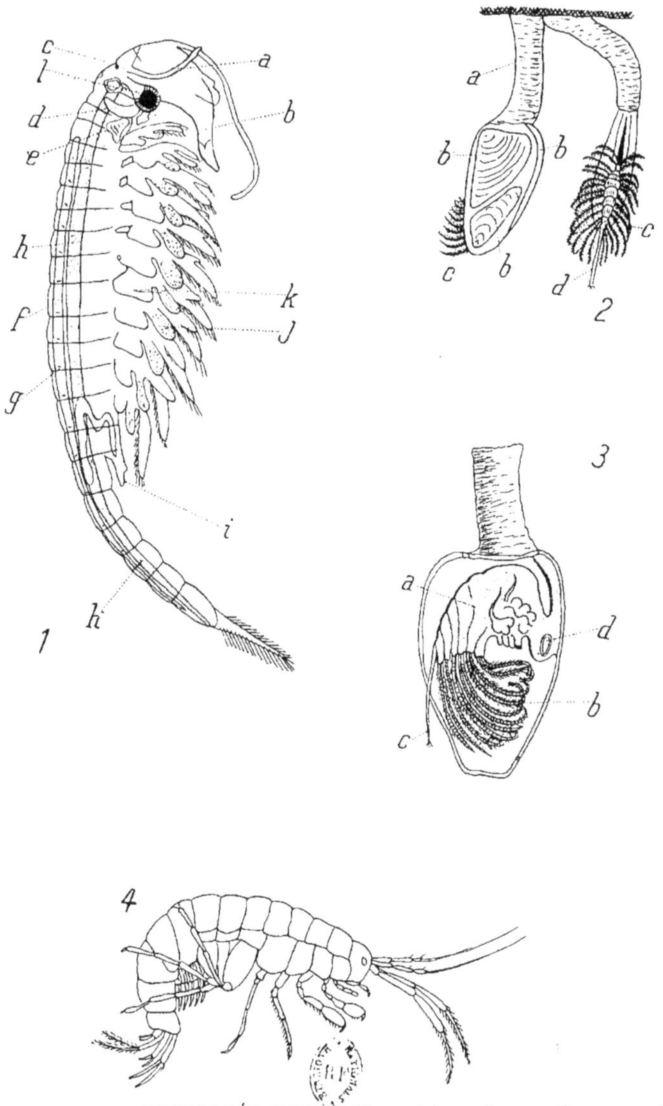

CRUSTACÉS DIVERS (Branchipus, Lepas, Gammarus)

CRUSTACÉS DIVERS

1. *Cyclops coronatus* (femelle), vu par la face dorsale. — *a*, antennes ; *b*, intestin ; *c*, sacs ovifères.

2. *Daphnia similis* (jeune femelle). — *a*, cœur ; *b*, tube digestif ; *c*, appendice hépatique ; *d*, anus ; *e*, cerveau ; *f*, œil ; *g*, glande du test ; *h*, chambre incubatrice.

3. *Apus cancriformis.* — *a*, yeux.

4. *Apus cancriformis.* — Une patte thoracique.

5. *Apus cancriformis.* — Une des pattes du 11e segment. *a*, cavité incubatrice.

6. *Apus cancriformis.* — Carapace céphalique. *a*, glandes du test (supposées vues par transparence) ; *b*, abdomen.

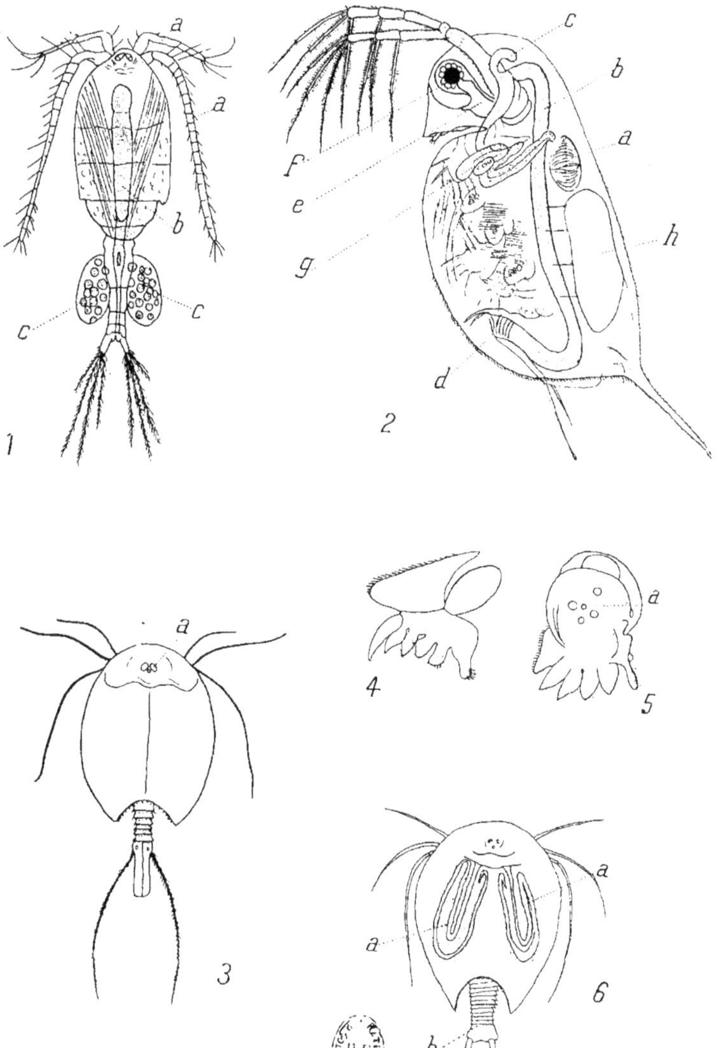

CRUSTACÉS DIVERS (Cyclops, Daphnia, Apus)

VIII

INSECTES

LÉGENDE DE LA PLANCHE XXXIX.

LA BLATTE (BLATTA ORIENTALIS)

1. Animal entier, vu par la face dorsale. — *a*, antennes; *b*, tête; *c*, prothorax (corselet); *d*, ailes; *e*, pattes; *f*, abdomen; *g*, tarse.

2. Tube digestif. — *a*, bouche; *b*, glande salivaire; *c*, œsophage; *d*, jabot; *e*, ventricule chylifique; *f*, appendices pyloriques; *g*, tubes de Malpighi; *h*, intestin; *i*, ampoule rectale; *j*, anus.

3. Système nerveux. — *a*, ganglions cérébroïdes; *b*, collier œsophagien; *c*, ganglion sous-œsophagien; *d*, chaîne ventrale thoracique; *e*, chaîne ventrale abdominale.

4. Tête, vue par la face antérieure. — *a*, ocelles; *b*, palpes maxillaires; *c*, palpes labiaux.

5. Lèvre supérieure ou labre (*a*).

6. Mandibule.

7. Mâchoire. — *a*, sous-maxillaire; *b*, maxillaire; *c*, intermaxillaire; *d*, galéa; *e*, palpe maxillaire.

8. Lèvre inférieure. — *a*, menton; *b*, languette; *c*, paraglosse; *d*, palpe labial.

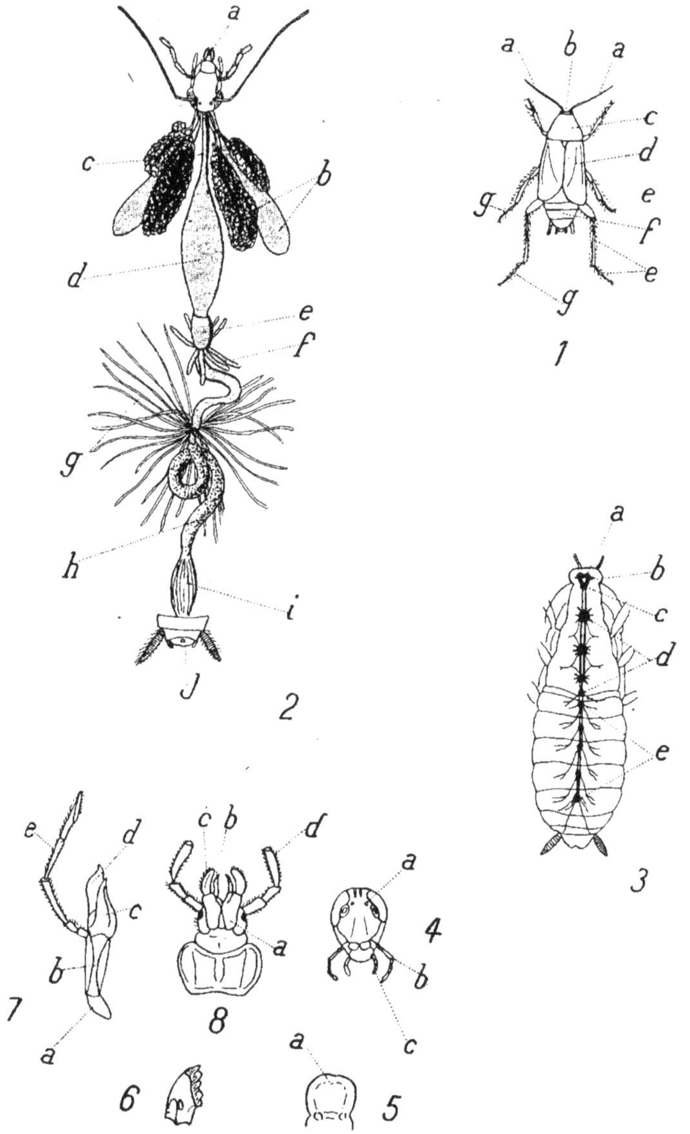

BLATTE

LÉGENDE DE LA PLANCHE XL.

LE DYTIQUE (DYTISCUS MARGINALIS)

1. Mâle, nageant. — *a*, extrémité de l'abdomen ; *b*, élytres ; *c*, prothorax ; *d*, tête ; *e*, yeux composés ; *f*, antennes ; *g*, pattes antérieures avec ventouses ; *h*, pattes intermédiaires ; *i*, pattes postérieures natatoires.

2. Dissection sommaire d'un Dytique femelle (l'animal est ouvert par la face dorsale) (imité de PIZON). — *a*, élytre, étalée et sectionnée ; *b*, aile membraneuse, étalée et sectionnée ; *c*, ganglions cérébroïdes ; *d*, chaîne nerveuse ventrale ; *e*, jabot ; *f*, estomac ; *g*, intestin ; *h*, tubes de Malpighi ; *i* ampoule rectale ; *j*, ovaire.

3. Ensemble du système nerveux. — *a*, ganglions cérébroïdes ; *b*, nerfs optiques ; *c*, ganglion frontal ; *d*, ganglions sous-œsophagiens ; *d* à *e*, chaîne nerveuse ventrale ; *f*, nerfs.

4. Stigmate vu au microscope. — *a*, orifice par où l'air pénètre ; *b*, cadre chitineux.

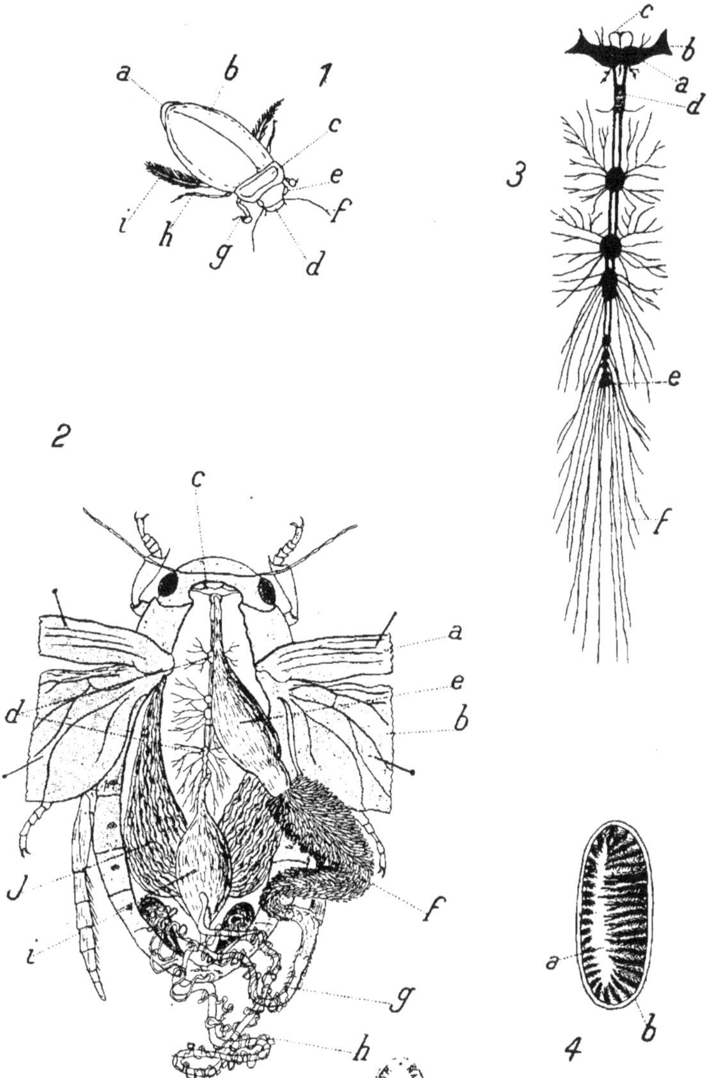

DYTIQUE (*Dissection générale, système nerveux, etc...*)

LE DYTIQUE (DYTISCUS MARGINALIS)

1. Système nerveux stomato-gastrique. — *a*, ganglions cérébroïdes; *b*, nerfs optiques; *c*, ganglion frontal; *d*, ganglions du stomato-gastrique; *e*, filets nerveux du stomato-gastrique.

2. Tube digestif. — *a*, œsophage; *b*, jabot; *c*, estomac; *d*, intestin; *e*, tubes de Malpighi; *f*, point de réunion de l'intestin et de l'ampoule rectale; *g*, ampoule rectale; *h*, anus.

3. Cœur ou vaisseau dorsal. — *a*, chambres du cœur; *b*, fibres musculaires; *c*, aorte; *d*, direction du sang.

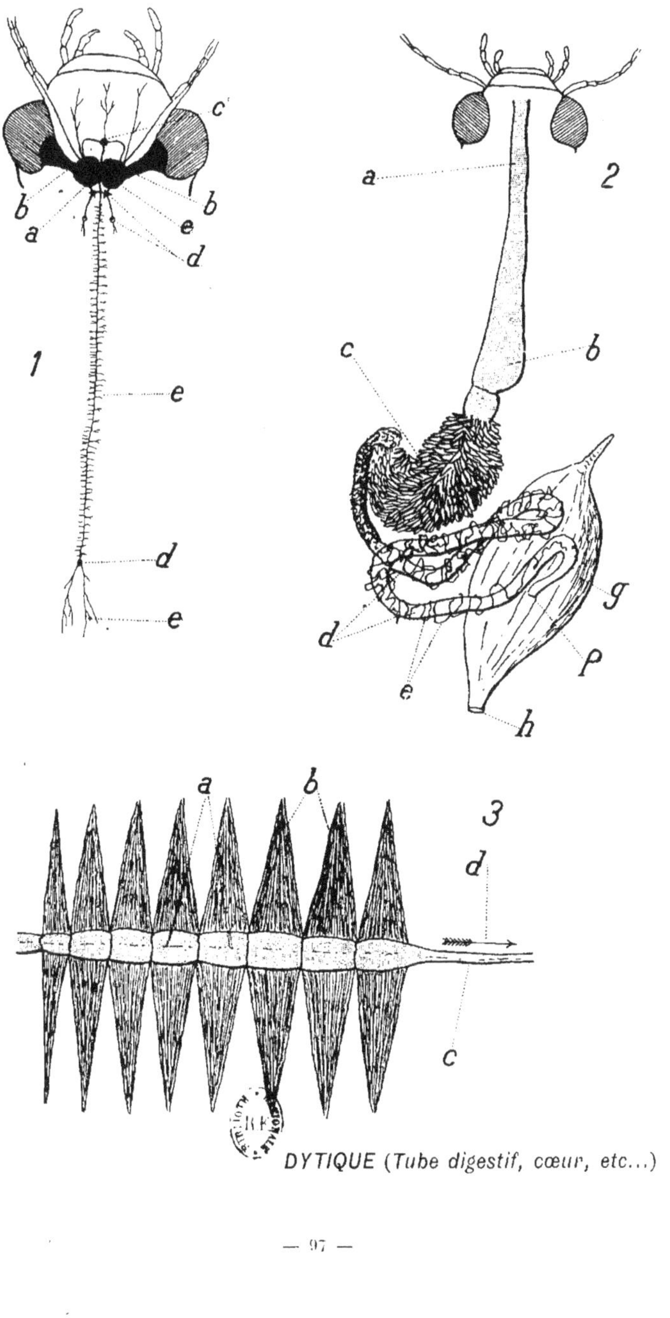

DYTIQUE (Tube digestif, cœur, etc...)

LE DYTIQUE (DYTISCUS MARGINALIS)

1. Patte antérieure du mâle, vue par la face inférieure. — *a*, ventouses; *b*, tarse ; *c*, griffes.

2. Appareil génital femelle. — *a*, ovaire, avec les éléments ou tubes ovariens dissociés artificiellement ; *b*, ovaire intact ; *c* (de droite) et *c*, oviductes ; *d*, canal impair ; *e* (de gauche), réceptacle séminal ; *f*, vagin ; *g*, glandes anales ; *h*, rectum (sectionné).

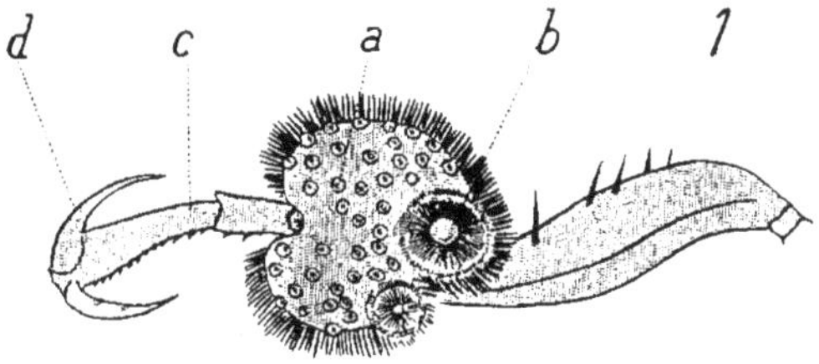

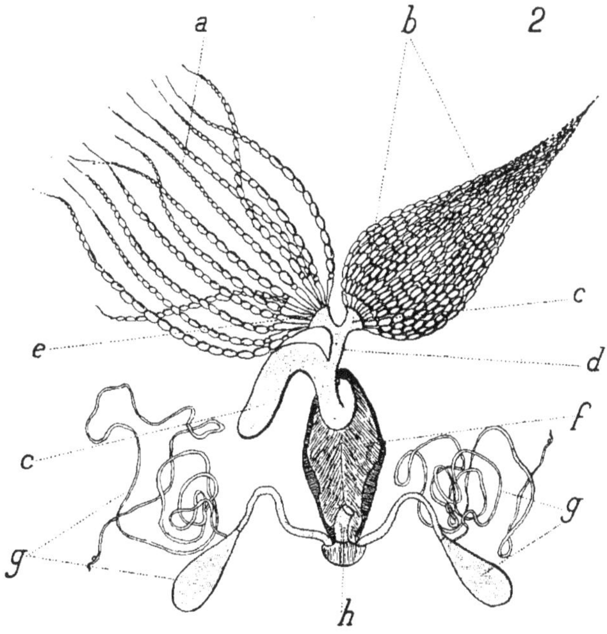

DYTIQUE (Organes génitaux, etc...)

LE HANNETON (MELOLONTHA VULGARIS)

1. **Système nerveux.** — *a*, ganglions cérébroïdes ; *b*, nerfs optiques; *c*, collier œsophagien ; *d*, ganglion frontal ; *e* à *f*, chaîne nerveuse ventrale ; *g*, nerfs.

2. **Mâchoire, vue par-dessus.** — *a*, palpe maxillaire.

3. **Mandibule, vue par-dessous.**

4. **Antenne**[1].

5. **Lèvre antérieure ou labre.**

6. **Lèvre postérieure.** — *a*, palpe labial.

1. Elle est plus petite chez la femelle que chez le mâle.

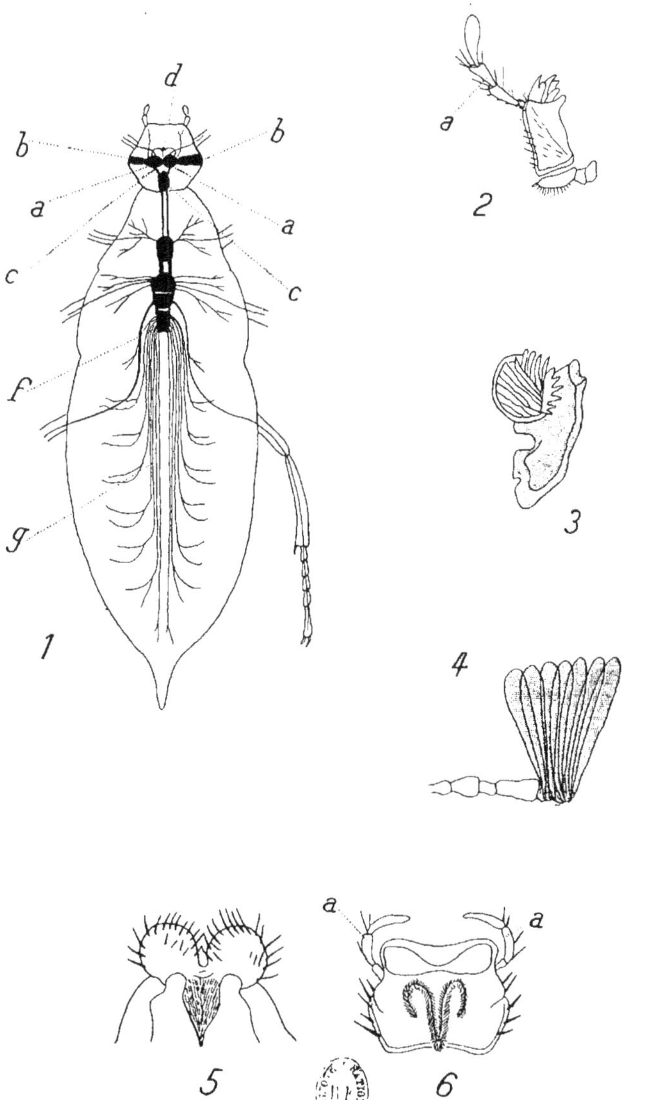

HANNETON (Système nerveux, appendices)

Légende de la Planche XLIV.

LE HANNETON (MELOLONTHA VULGARIS)

1. Portion de trachée, vue au microscope. — *a*, fil spiral.

2. Tube digestif. — *a*, œsophage ; *b*, estomac ; *c*, intestin ; *d*, ampoule rectale ; *e*, portion pectinée des tubes de Malpighi ; *f*, portion non pectinée ; *g*, anus.

3. Organes génitaux femelles (imité de Yung). — *a*, ovaire intact ; *b*, ovaire avec les tubes ovariens étalés artificiellement ; *c*, ligament suspenseur des ovaires ; *d*, œufs en chapelet ; *e*, oviductes ; *f*, vagin ; *g*, sphincter de la vulve ; *h*, glandes accessoires ; *i*, poche copulatrice ; *j*, canal copulateur ; *k*, réservoir séminal ; *l*, vésicule pyriforme ; *m*, rectum ; *n*, portion de la paroi dorsale du cloaque.

4. Organes génitaux mâles. — *a*, testicules ; *b*, canalicules testiculaires ; *c*, canaux déférents (ils sont plus pelotonnés qu'on ne les a figurés ici) ; *d*, vésicules séminales ; *e*, glandes accessoires ; *f*, canal éjaculateur ; *g*, étui de la verge ; *h*, orifice mâle.

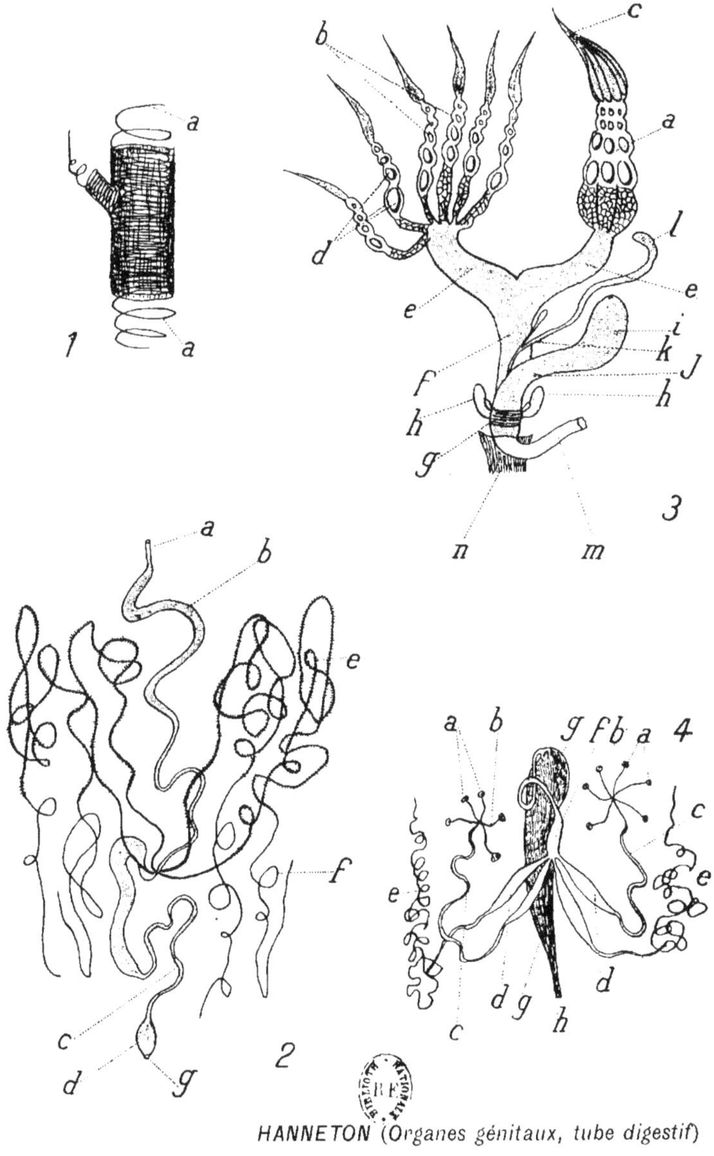

HANNETON (Organes génitaux, tube digestif)

L'ABEILLE (APIS MELLIFICA)

1. Système nerveux de l'adulte. — *a*, ganglions cérébroïdes; *b*, nerfs optiques; *c*, ganglion frontal; *d*, nerf antennaire; *e*, ganglion sous-œsophagien; *f*, ganglion de la chaîne nerveuse thoracique; *g*, ganglions de la chaîne nerveuse abdominale; *h*, nerfs des pattes.

2. Aiguillon. — *a*, glande à venin; *b*, réservoir; *c*, aiguillon; *d*, muscles.

3. Tête et pièces buccales. — *a*, œil composé; *b*, antenne; *c*, mandibules; *d*, mâchoires; *e*, lèvre inférieure; *f*, palpes labiaux.

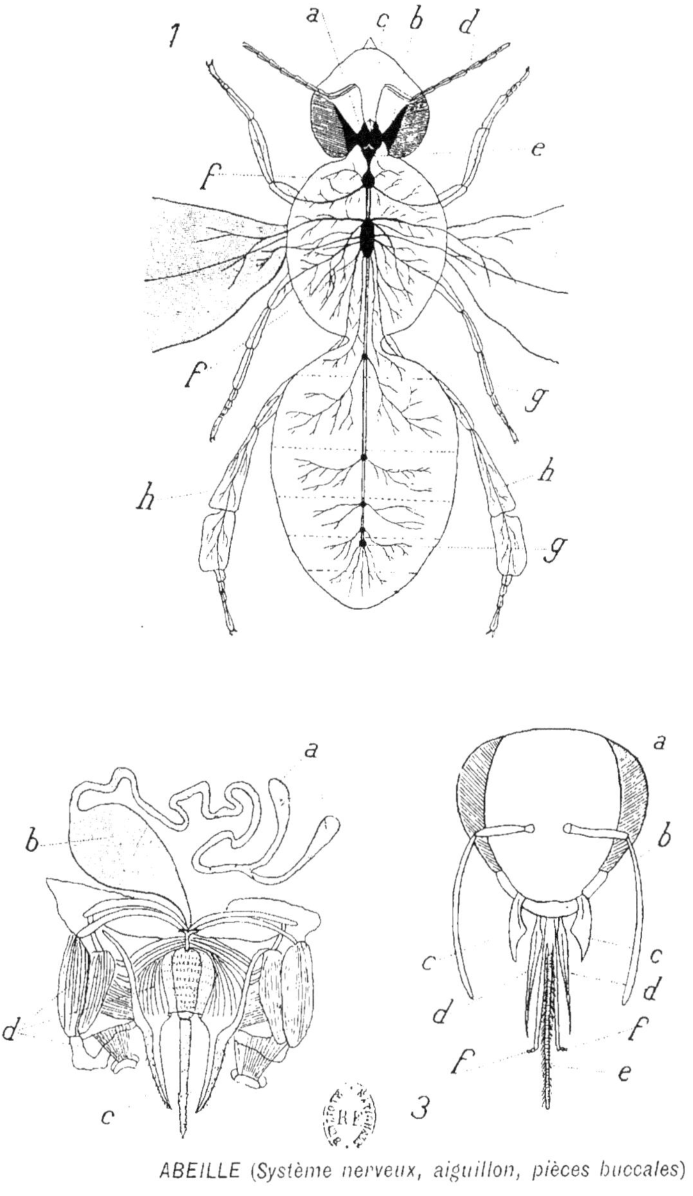

ABEILLE (Système nerveux, aiguillon, pièces buccales)

L'ABEILLE (APIS MELLIFICA)

1. **Patte postérieure d'ouvrière, vue par la face externe.**

2. **Patte postérieure d'ouvrière, vue de la face interne.**

3. **Système nerveux de la larve.**

4. **Patte postérieure d'un mâle.**

5. **Patte postérieure de la reine.**

6. **Organes génitaux mâles.** — *a*, testicules; *b*, canaux déférents; *c*, vésicules séminales; *d*, canal éjaculateur; *e*, pénis.

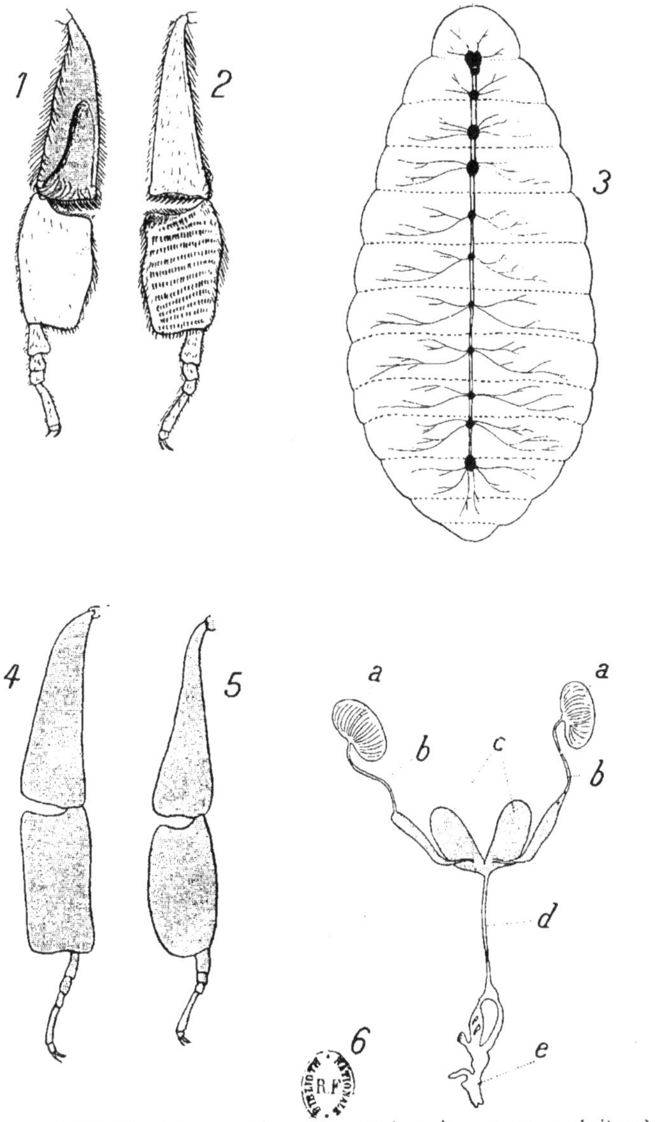

ABEILLE (Pattes, système nerveux larvaire, organes génitaux)

L'ABEILLE (APIS MELLIFICA)

1. Ensemble de l'appareil respiratoire.

2. Portion de la surface de l'œil vue au microscope. — *a*, facette; *b*, poils.

3. Testicule, avec les éléments artificiellement écartés les uns des autres. — *a*, tubes testiculaires; *b*, canal déférent.

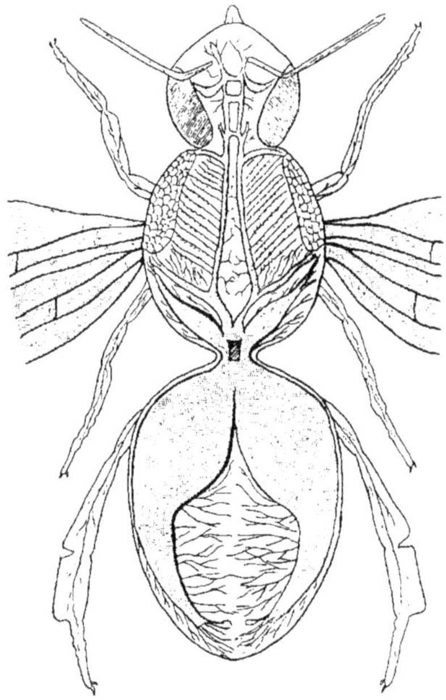

1

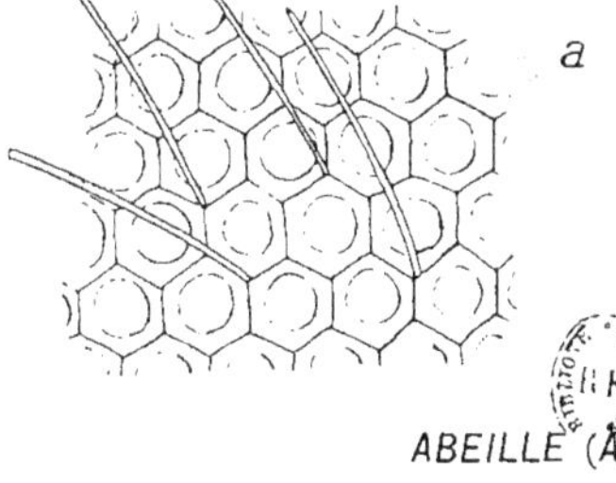

2

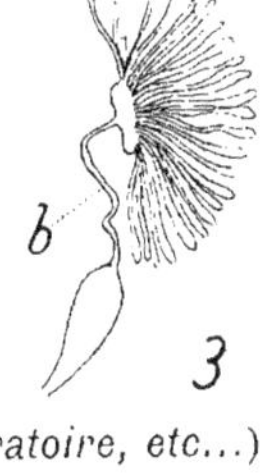

3

ABEILLE (Appareil respiratoire, etc...)

Légende de la Planche XLVIII.

LA SAUTERELLE (LOCUSTA VIRIDISSIMA)

1. Femelle, vue de côté. — *a*, oviscapte.

2. Tube digestif. — *a*, œsophage; *b*, glandes salivaires; *c*, jabot; *d*, gésier; *e*, estomac; *f*, tubes de Malpighi; *g*, intestin.

3. Pièces buccales. — *a*, lèvre supérieure; *b*, mandibules; *c*, mâchoires; *d*, palpes maxillaires; *e*, lèvre inférieure; *f*, palpes labiaux; *g*, langue.

4. Tibia de la patte antérieure. — *a*, membrane tympanique.

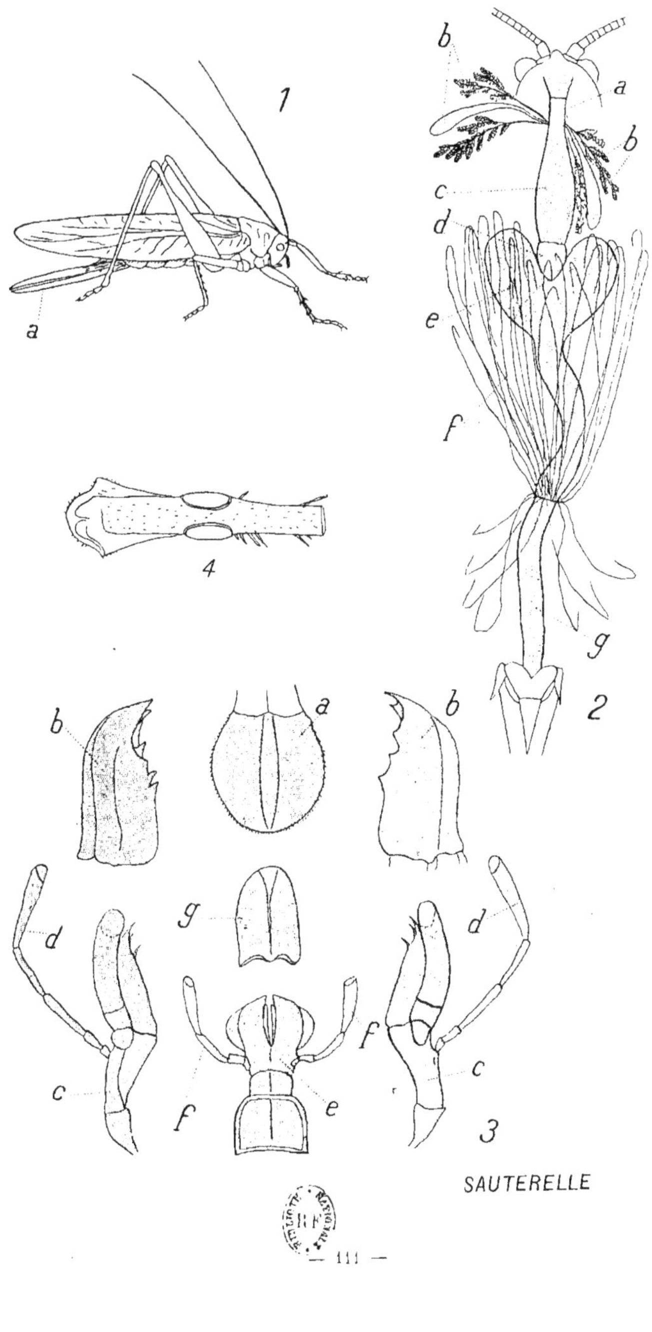

SAUTERELLE

LE VER A SOIE (BOMBYX MORI)

1. Système nerveux de l'adulte.

2. Système nerveux de la chenille (ver à soie).

3. Tube digestif de la chenille. — *a*, œsophage; *b*, estomac; *c*, ampoules rectales; *d*, glandes séricigènes.

4. Tube digestif du papillon. — *a*, œsophage; *b*, jabot; *c*, tubes de Malpighi; *d*, intestin; *e*, ampoule rectale.

5. Portion de la chaîne nerveuse ventrale de la chenille. — *a*, ganglion de la chaîne nerveuse ventrale; *b*, nerfs de la chaîne nerveuse ventrale; *c*, sympathique.

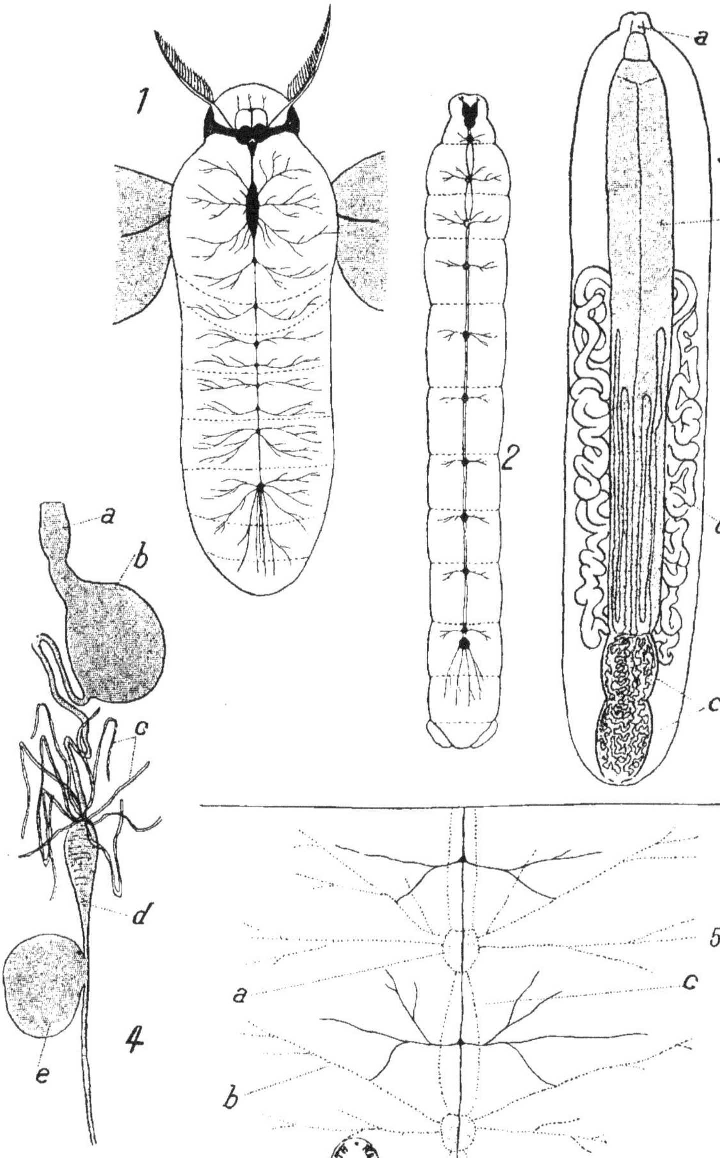

VER A SOIE

IX

VERS

Légende de la Planche L.

LA SANGSUE (HIRUDO MEDICINALIS)

1. Sangsue, vue par la face ventrale[1]. — *a*, bouche ; *b*, orifice génital mâle ; *c*, pénis ; *d*, orifice génital femelle ; *e*, anus ; *f*, ventouse terminale.

2. Tube digestif. — *a*, bouche ; *b*, œsophage ; *c*, estomac ; *d*, cœcums hépatiques ; *e*, intestin ; *f*, anus, ; *g*, ventouse terminale.

3. Partie antérieure du système nerveux. — *a*, ganglions cérébroïdes ; *b*, collier œsophagien ; *c*, chaîne nerveuse ventrale ; *d*, organes oculaires.

4. Bouche fendue. — *a*, ventouse ; *b*, mâchoires.

5. Portion d'une mâchoire, vue au microscope. — *a*, denticules en dents de scie ; *b*, muscle faisant mouvoir la mâchoire.

6. Ventouse terminale : elle n'est pas perforée.

7. Ventouse antérieure. — *a*, bouche.

1. On reconnait la face ventrale à ce qu'elle est plus claire que la face dorsale. De plus, la bouche est inclinée sur la face ventrale et n'est pas visible quand on examine l'animal par la face dorsale.

PLANCHE L.

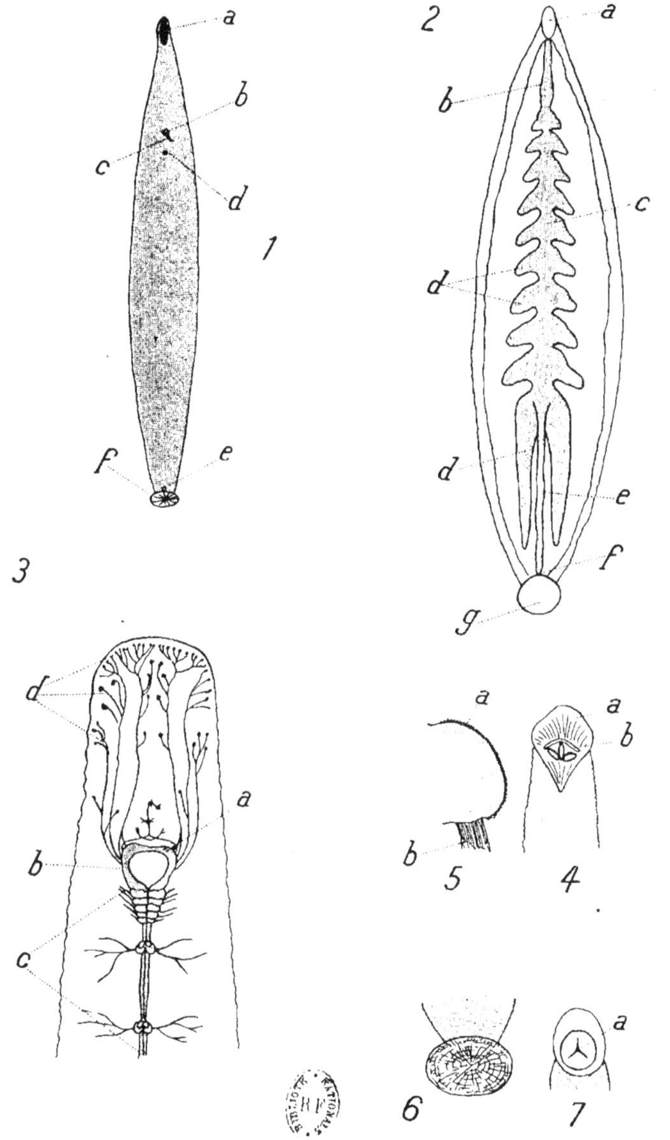

SANGSUE (Tube digestif, système nerveux, etc...)

LA SANGSUE (HIRUDO MEDICINALIS)

1. Système nerveux et organes génitaux. (L'animal est couché sur le ventre. On a fendu la ligne médiane dorsale et on a enlevé le tube digestif représenté en **2** dans la planche L.) — *a*, ganglions cérébroïdes et collier œsophagien ; *b*, chaîne nerveuse ventrale (on a fendu la gaine qui l'enveloppe dans toute sa longueur) ; *c*, ventouse antérieure ; *d*, ventouse postérieure ; *e*, vaisseau latéral ; *f*, organe segmentaire ; *g*, les neuf testicules ; *h*, canal déférent ; *i*, épididyme ; *j*, pénis ; *k*, ovaire ; *l*, oviducte.

2. Organe segmentaire. — *a*, chaîne nerveuse ; *b*, vaisseau latéral ; *c*, testicule ; *d*, conduit séminal ; *e*, canal déférent ; *f*, cavité testiculaire ; *g*, pavillon de l'organe segmentaire ; *h*, canal segmentaire ; *i*, renflement du canal segmentaire ; *j*, glande en fer à cheval ; *k*, canal excréteur ; *l*, vésicule.

3. Portion centrale de l'appareil génital. — *a*, chaîne nerveuse ; *b*, canal déférent ; *c*, épididyme ; *d*, vésicule séminale ; *e*, prostate ; *f*, gaine du pénis ; *g*, canal éjaculateur ; *h*, pénis ; *i*, ovaires ; *j*, oviducte ; *k*, glande à albumine ; *l*, vagin.

4. Portion de la chaîne nerveuse ventrale (schématique). — *a*, chaîne nerveuse ; *b*, gaine qui l'enveloppe.

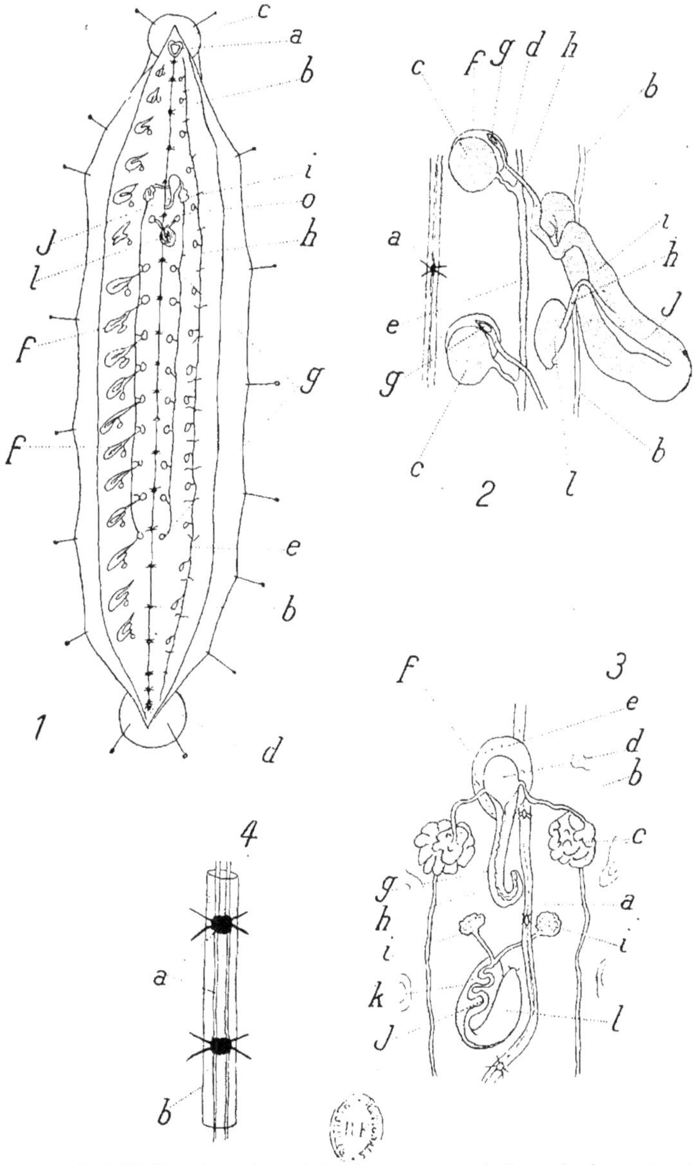

SANGSUE (Dissection générale, organes génito-urinaires, etc...)

LE VER SOLITAIRE (TŒNIA SOLIUM ET SAGINATA)

1. Tête de Tœnia solium, vue de côté. — *a*, ventouse; *b*, couronne de crochets.

2. Tête de Tœnia solium, vue par-dessus. — *a*, ventouse; *b*, double couronne de crochets.

3. Crochets (grossis).

4. Œuf de Tœnia solium (grossi).

5. Tête de Tœnia saginata, vue par-dessus. — *a*, ventouse.

6. Tête du Tœnia saginata (vue de côté). — *a*, ventouse.

7. Œuf de Tœnia saginata (grossi).

8. Anneaux d'un Tœnia. — *a*, orifices génitaux.

9. Un anneau ou proglottis du Tœnia saginata. — *a*, ovaire; *b*, vitellogène ou glande de l'albumine; *c*, glande coquillière; *d*, utérus; *e*, vésicules testiculaires (on n'en a représenté que quelques-unes); *f*, canal déférent; *g*, poche du cirre; *h*, sinus génital; *i*, vagin; *j*, cordons nerveux latéraux; *k*, troncs longitudinaux du système aquifère; *l*, leur anastomose.

10. Portion d'un anneau, représenté à un plus fort grossissement. — Mêmes lettres que **9**; *m*, pénis.

11. Anneau mûr de Tœnia solium. — *a*, utérus dilaté et ramifié par l'accumulation des œufs.

12. Anneau mûr de Tœnia saginata. — *a*, comme **11**.

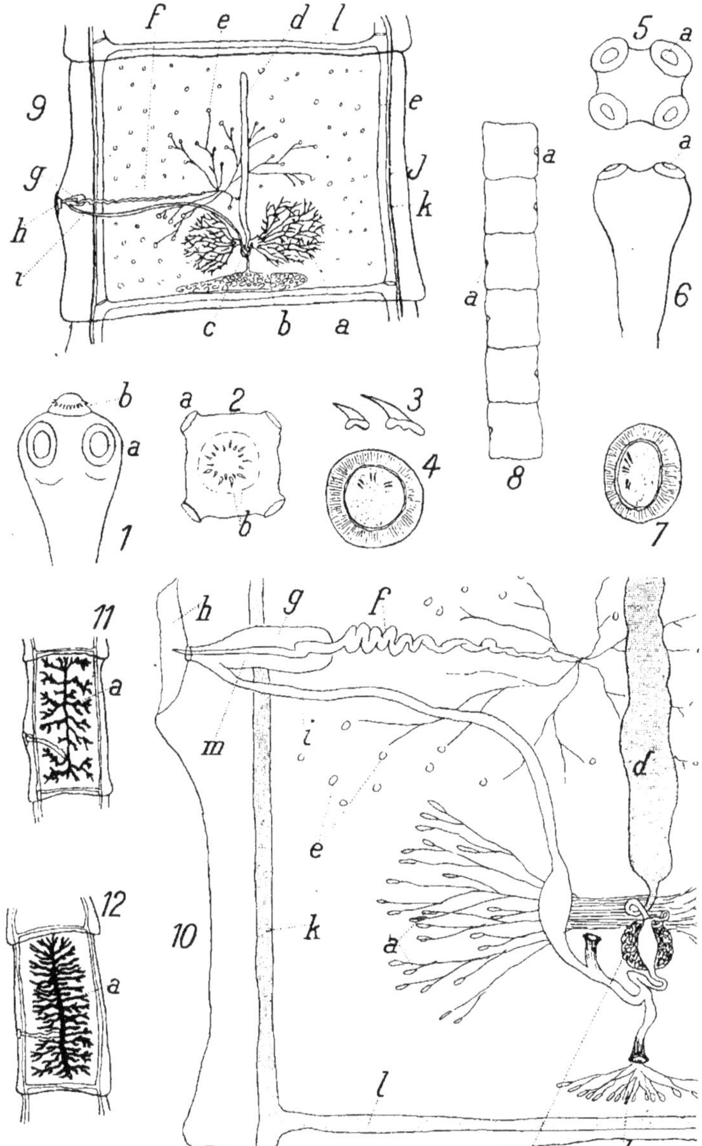

VER SOLITAIRE

LA DOUVE DU FOIE (DISTOMUM HEPATICUM)

1. La Douve, vue par la face ventrale. — *a*, ventouse entourant la bouche ; *b*, ventouse ventrale (non perforée) ; *c*, orifice génital ; *d*, orifice excréteur.

2. Système nerveux. — *a*, ganglions cérébroïdes ; *b*, nerfs céphaliques ; *c*, nerfs latéraux ; *d*, nerfs de la ventouse ventrale.

3. Organes génitaux mâles. — *a*, testicules (ils sont beaucoup plus ramifiés) ; *b*, canaux déférents ; *c*, ventouse ventrale ; *d*, vésicule séminale ; *e*, prostate ; *f*, canal éjaculateur ; *g*, poche génitale ; *h*, orifice génital femelle.

4. Organes génitaux femelles. — *a*, ovaire ; *b*, oviducte ; *c*, canal du vitellogène ; *d*, utérus ; *e*, glande ; *f*, vitellogène ; *g*, orifice génital femelle.

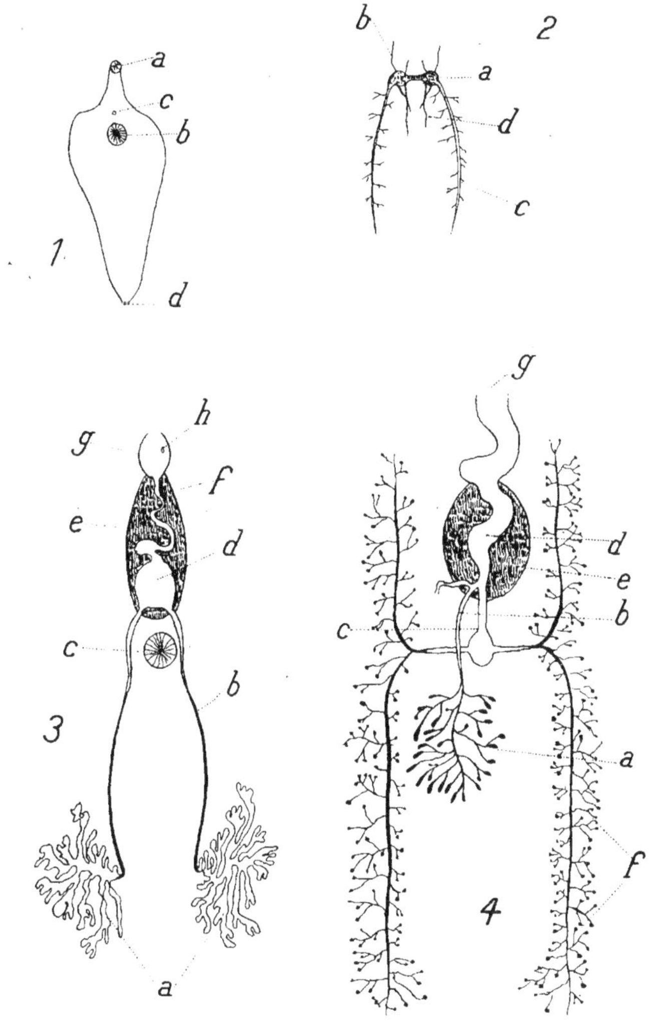

DOUVE DU FOIE

LA DOUVE DU FOIE ET LA PETITE DOUVE (DISTOMUM HEPATICUM ET DISTOMUM LANCEOLATUM)

1. Tube digestif de la Douve du foie. — *a*, bouche ; *b*, œsophage ; *c*, cæcum intestinal ; *d*, ses ramifications ; *e*, système nerveux.

2. Appareil excréteur de la Douve du foie. — *a*, réseau excréteur ; *b*, conduit excréteur impair ; *c*, orifice excréteur.

3. Distomum lanceolatum (Petite Douve du foie) **(schématique).** — *a*, ventouse buccale ; *b*, œsophage ; *c*, cæcums intestinaux ; *d*, canaux excréteurs pairs ; *e*, canal excréteur impair ; *f*, orifice excréteur (*foramen caudale*) ; *g*, testicules ; *h*, canaux déférents ; *i*, sac séminal et orifice génital ; *j*, vitellogènes ; *k*, vagin ; *l*, utérus ; *m*, ootype.

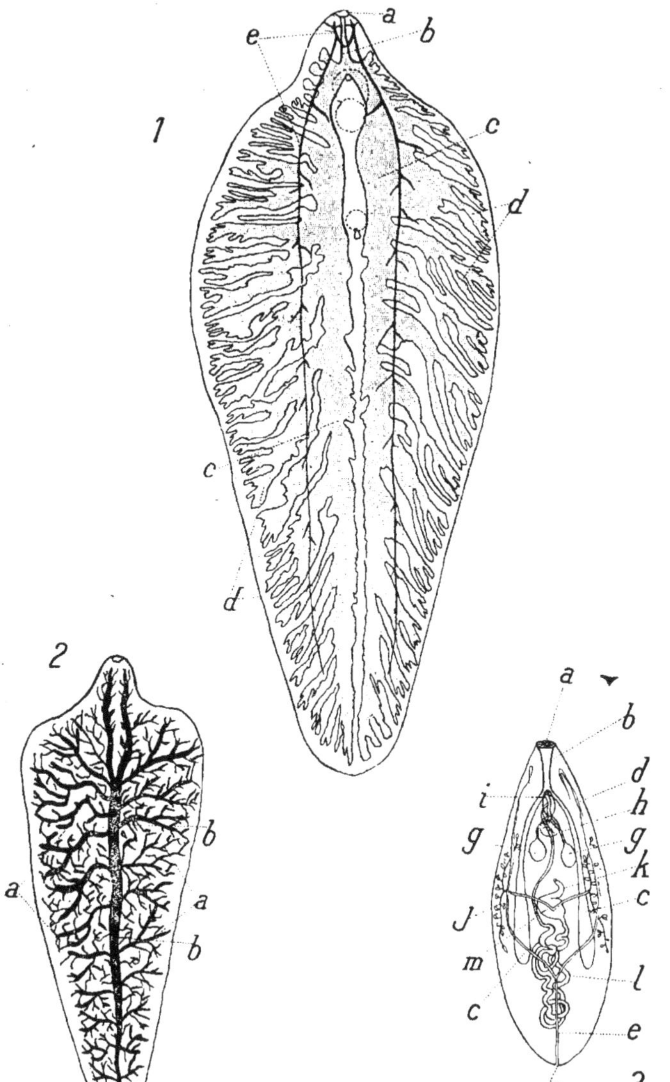

DOUVE DU FOIE ET PETITE DOUVE

LÉGENDE DE LA PLANCHE LV.

L'ASCARIDE LOMBRICOIDE (ASCARIS LOMBRICOIDES)

1. Femelle, vue par la face ventrale. — *a*, bouche; *b*, orifice excréteur (très petit); *c*, dépression que l'on ne rencontre que chez la femelle; *d*, orifice génital; *e*, anus.

2. Mâle, vu par la face ventrale. — *a*, bouche; *b*, orifice excréteur (très petit); *c*, cloaque garni de deux spicules.

3. Femelle : extrémité inférieure du corps. — *a*, anus.

4. Mâle : extrémité inférieure du corps. — *a*, cloaque, avec deux spicules.

5. Bouche, vue par la face supérieure. — *a*, bourrelets ou lèvres garnis d'un squelette chitineux et pourvus de muscles moteurs.

6. Femelle ouverte par la face ventrale. — *a*, bouche; *b*, œsophage; *c*, collier nerveux; *d*, estomac; *e*, anus; *f*, orifice femelle; *g*, utérus; *h*, oviductes; *i*, ovaires.

7. Organes génitaux mâles. — *a*, cloaque; *b*, spicules; *c*, extrémité inférieure de l'intestin; *d*, vésicule séminale; *e*, glande mâle.

8. Œuf, très grossi.

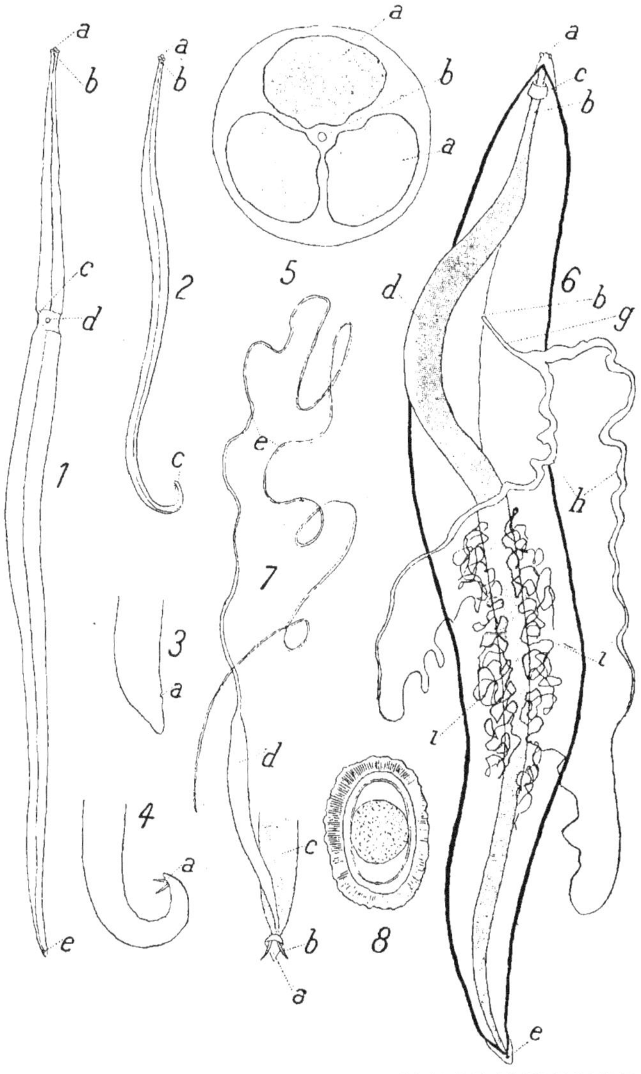

ASCARIDE LOMBRICOIDE

X

ÉCHINODERMES

L'OURSIN (TOXOPNEUSTES LIVIDUS)

1. Oursin dépouillé de ses piquants et vu par la face supérieure. — *a*, plaques du pourtour de l'anus (voir le détail au **3**); *b*, zone interambulacraire; *c*, zone ambulacraire.

2. Un oursin régulier, vu de côté, après avoir été dépouillé de ses piquants. — On n'a représenté que les plaques d'une zone ambulacraire (*a*) et d'une zone interambulacraire (*b*).

3. Partie centrale du pôle supérieur. — *a*, anus; *b*, plaque génitale; *c*, orifice génital; *d*, plaque madréporique; *e*, plaque radiale; *f*, pore par où passe un filet nerveux; *g*, zone ambulacraire; *h*, zone interambulacraire.

4. Partie centrale du pôle inférieur. — *a*, zone ambulacraire; *b*, zone interambulacraire; *c*, branchie; *d*, orifice buccal; *e*, dents de la lanterne d'Aristote; *f*, membrane buccale.

5. Pédicellaire entier. — *a*, pince; *b*, tube; *c*, stylet calcaire.

6. Extrémité d'un pédicellaire tridactyle. (On en trouve sur tout le corps.)

7. Extrémité d'un pédicellaire ophiocéphale. (On en trouve surtout sur la membrane buccale.)

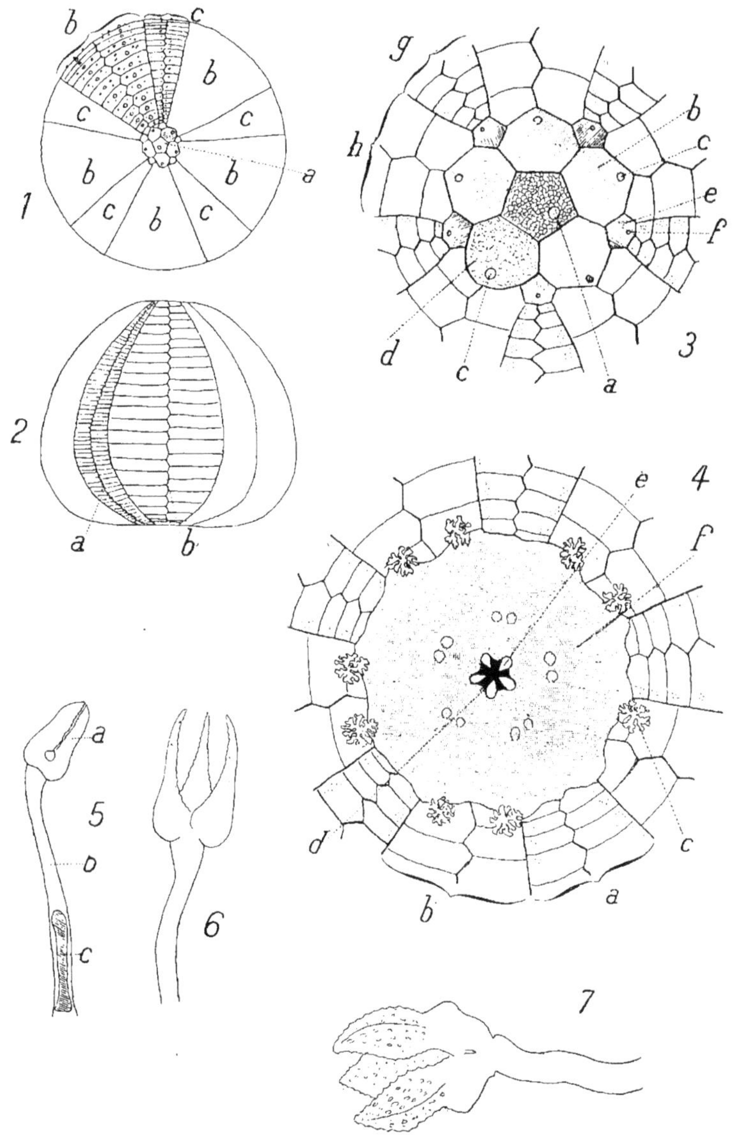

OURSIN

L'OURSIN (TOXOPNEUSTES LIVIDUS)

1. Schéma du tube digestif, vu par la partie supérieure. — *a, b, c, d, e*, milieu des zones ambulacraires; *f*, bouche; *g*, œsophage; *h*, commencement de la première courbure; *i*, intestin; *j*, commencement de la deuxième courbure; *k*, siphon; *l*, anus; *m*, pores génitaux; *n*, plaque ambulacraire.

2. Portion de la Lanterne d'Aristote, vue par la face supérieure et montrant deux pyramides (sur cinq). — *a*, pyramide; *b*, dents; *e*, faux; *f*, compas; *g*, muscles unissant les faux; *h*, muscle de la pyramide; *i*, ligaments des compas.

3. Une pyramide en place, vue de son côté interne. — *a*, pyramide; *b*, compas; *c*, muscles de la pyramide; *d*, ligament des compas; *e*, auricule; *f*, dent.

4. Pyramide de la Lanterne d'Aristote, vue du côté interne.

5. Pyramide, vue de côté.

6. Pyramide, vue du côté externe.

7. Tube digestif. — L'animal a été coupé en deux et les deux moitiés rabattues l'une à droite, l'autre à gauche: *a*, lanterne d'Aristote; *b*, œsophage; *c*, intestin; *d*, anus; *e*, glandes génitales.

8. Extrémité d'un ambulacre.

9. Coupe longitudinale schématique de la partie basilaire d'un piquant. — *a*, base du piquant; *b*, section du piquant; *c*, test; *d*, éminence du test, sur lequel s'articule le piquant; *e*, gaine; *f*, muscles.

10. Portion supérieure du test, vu par sa face interne. — *a*, rectum; *b*, glande génitale; *c*, zone ambulacraire; *d*, zone interambulacraire.

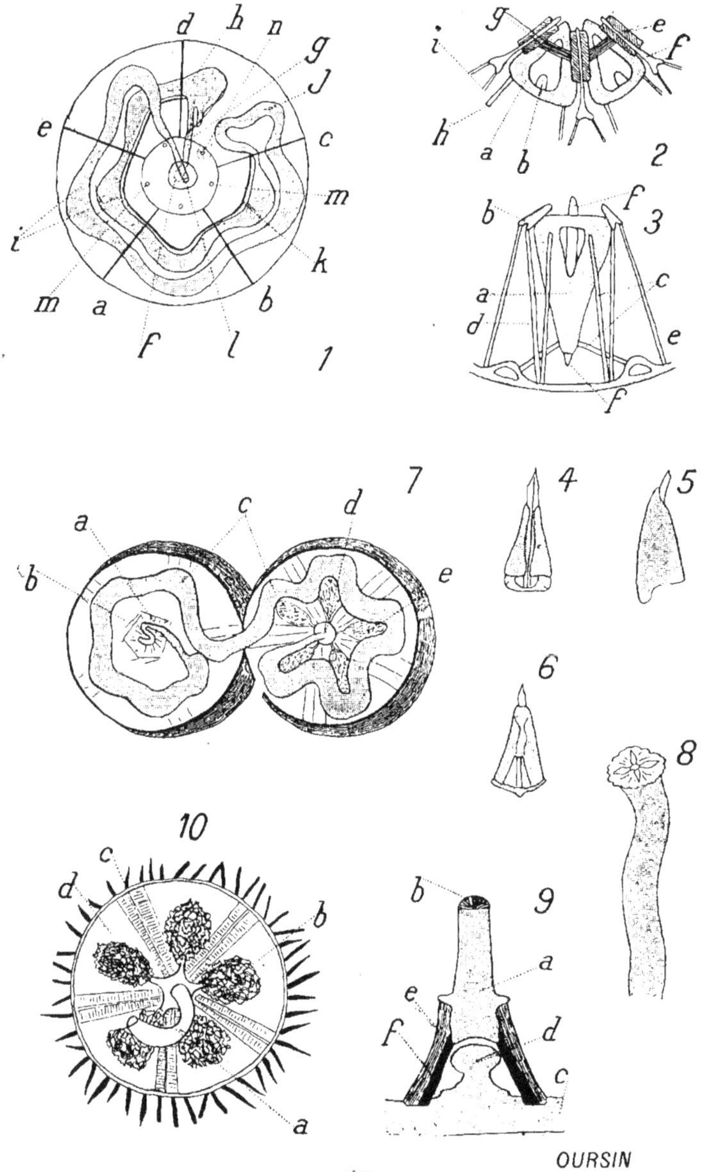
1
d h n g J c m k b l f a m i e
2
g e f i h a b
3
b f c a d e f
4
5
6
7
a c d b e
8
9
b a e d f c
10
c d b a

OURSIN

XI

PROTOZOAIRES & HISTOLOGIE

CLASSIFICATION DES PROTOZOAIRES

	CLASSE DES AMIBOIDES............	*Amœba.*
Sous-embranchement des **Rhizopodes**	CLASSE DES FORAMINIFÈRES.........	*Gromia.* *Miliola.* *Textularia.* *Globigerina.* *Nodosaria.* *Lagena.* *Orbulina.* *Rotalia.* *Planorbulina.*
	CLASSE DES RADIOLAIRES...........	*Heliosphæra.* *Encyrtidium.*
Sous-embranchement des **Infusoires**	CLASSE DES FLAGELLÉS......... ...	*Trypanosoma.* *Codosiga.* *Noctiluca.*
	CLASSE DES CILIÉS................	*Balantidium.* *Stentor.* *Vorticella.* *Stylonychia.* *Chilodon.* *Condylostoma.* *Acineta.* *Podophrya.*
Sous-embranchement des **Sporozoaires**	....	*Stylorhynchus.*

PROTOZOAIRES[1]

1 et 2. — CLASSE DES AMIBOIDES

1. Amibe *(Amœba)*. — *a*, noyau ; *b*, diatomée ingérée ; *c*, pseudopode ; *d*, protoplasma granuleux ; *e*, protoplasma hyalin.

2. Amibe *(Amœba)* (la même que **1**, mais dessinée quelques secondes après pour montrer qu'elle a changé de forme). — *a*, noyau ; *b*, diatomée ingérée ; *c*, pseudopode ; *d*, diatomée capturée par un pseudopode et qui ne va pas tarder à être ingérée.

2 *bis*. **Amibe,** enkystée.

3 à 11. — CLASSE DES FORAMINIFÈRES

3. Gromie *(Gromia oviformis)*, vivant.

4. Miliole *(Miliola tenera)*. — *a*, coquille ; *b*, pseudopodes ; *c*, pseudopodes fusionnés autour d'une particule alimentaire.

5. *Textularia*. — Coquille.

6. *Globigérine*. — Coquille. *a*, orifices par où passent les pseudopodes.

7. *Nodosaria*. — Coquille.

8. *Lagena*. — Coquille.

9. *Orbulina*. — Coquille.

10. *Rotalia veneta*, vivante.

11. *Planorbulina globosa*. — Coquille.

1. Tous sont représentés à un grossissement considérable.

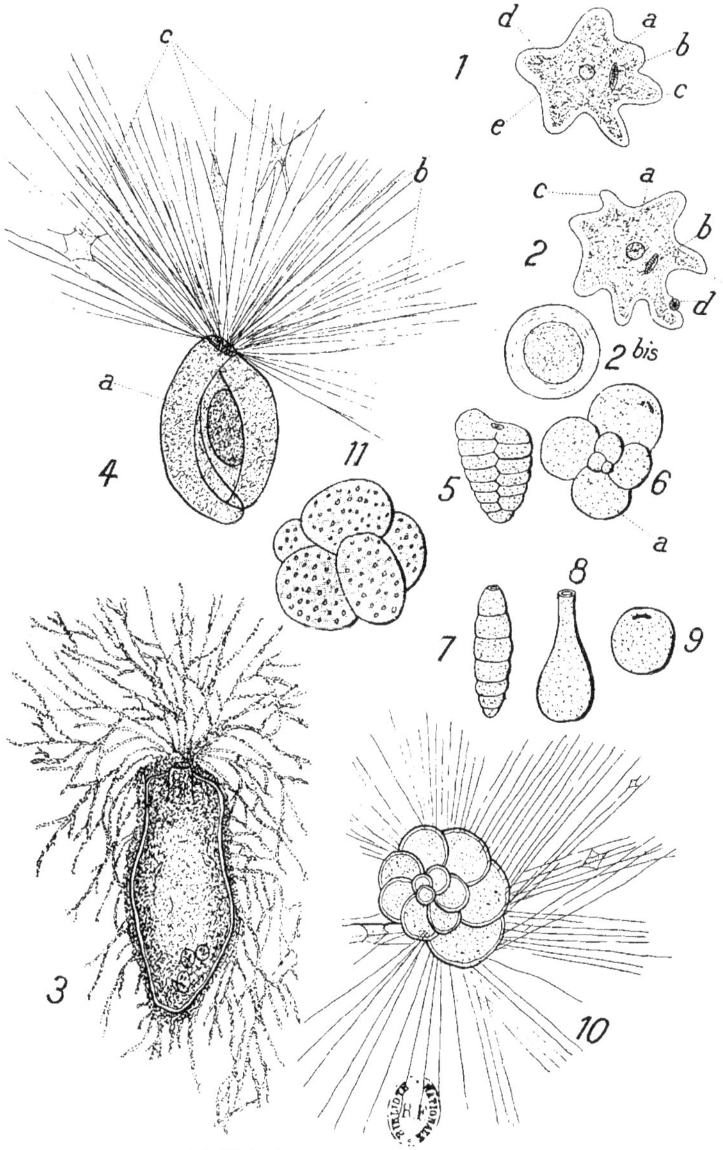

PROTOZOAIRES DIVERS (Amiboïdes, Foraminifères)

Légende de la Planche LIX.

PROTOZOAIRES

1 et 2. — CLASSE DES RADIOLAIRES

1. *Heliosphæra elegans.* — Squelette.

2. *Eucyrtidium cranoïdes.* — Animal vivant, entouré de ses pseudopodes.

3 à 7. — CLASSE DES FLAGELLÉS

3-4. *Trypanosoma sanguinis*, vivant.

5. *Codosiga umbellata.* — Colonie.

6. **Noctiluque** *(Nostiluca miliaris)* (organisme de la phosphorescence de la mer). — *a*, flagellum.

7. **Noctiluque** se divisant.

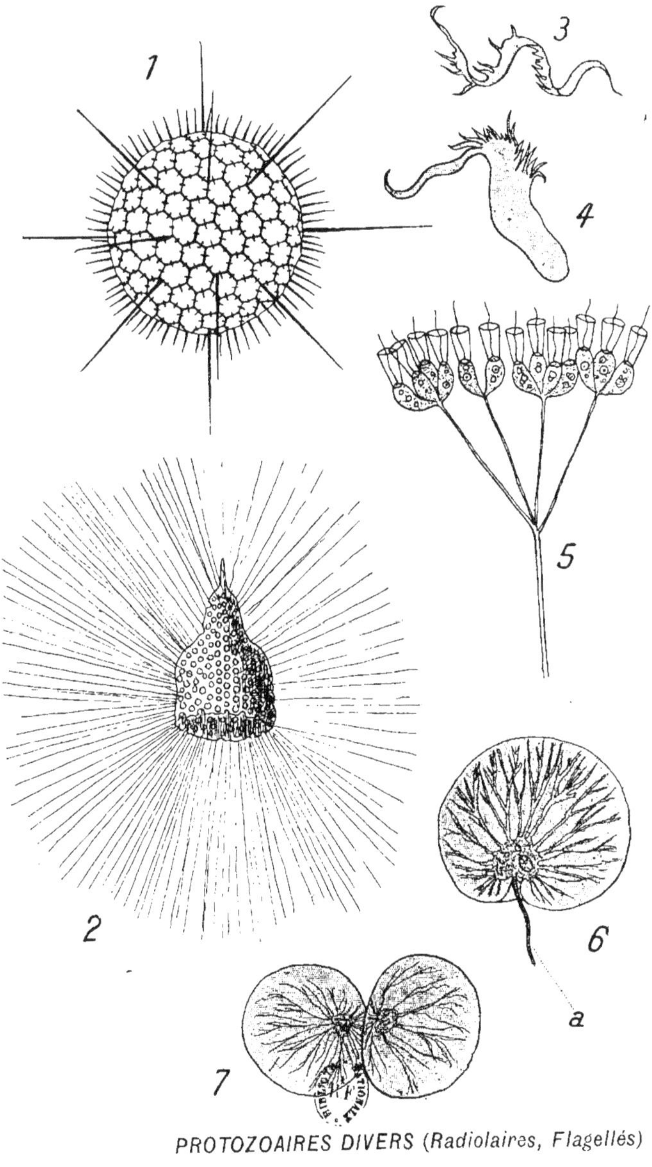

PROTOZOAIRES DIVERS (*Radiolaires, Flagellés*)

LÉGENDE DE LA PLANCHE LX.

PROTOZOAIRES

SOUS-EMBRANCHEMENT DES INFUSOIRES

---

1 à 9. — CLASSE DES CILIÉS

1. *Balantidium coli.* — *a*, bouche ; *b*, noyau ; *c*, vacuole contractile.

2. *Stentor Rœselii.* — *a*, bouche ; *b*, noyau ; *c*, vacuole contractile ; *d*, étui au fond duquel le Stentor est fixé.

3. Vorticelles, les unes étalées, les autres contractées. — *a*, algues sur lesquelles les Vorticelles sont fixées.

4. *Stylonychia mytilus* (FACE VENTRALE). — *a*, bouche ; *b*, noyau ; *c*, anus ; *d*, vacuole contractile.

5. *Stylonychia mytilus,* en voie de conjugaison.

6. *Chilodon cucullus.* — *a*, œsophage ; *b*, anus.

7. Condylostome (grand infusoire marin atteignant près d'un millimètre de largeur). — *a*, noyau ; *b*, vésicule contractile ; *c*, péridinien ingéré par l'infusoire ; *d*, bouche.

8. *Acineta mystacina,* suçant une proie (*a*) avec ses suçoirs (*b*) ; *c*, pédicule fixé.

9. *Podophrya elongata.*

10. — SOUS-EMBRANCHEMENT DES SPOROZOAIRES

10. Grégarine *(Stylorhynchus longirostris).*

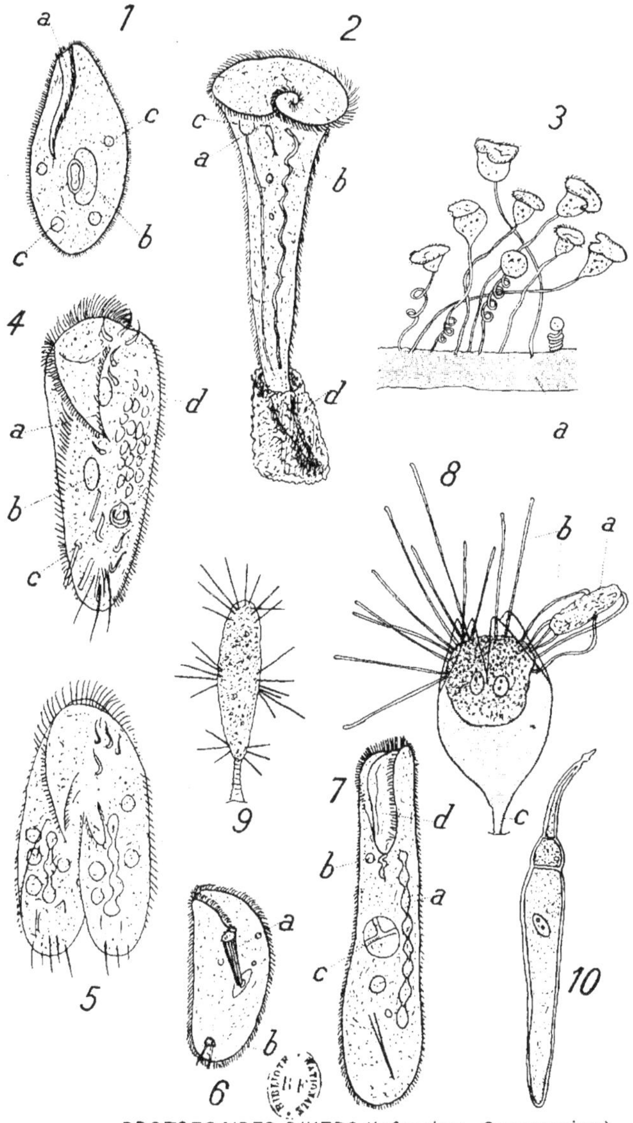

PROTOZOAIRES DIVERS (Infusoires, Sporozoaires)

LÉGENDE DE LA PLANCHE LXI.

HISTOLOGIE

2 à 14. — ÉLÉMENTS CELLULAIRES ET TISSUS

1. Épithélium pavimenteux, vu par-dessus (PEAU DE LA GRENOUILLE).

2. Épithélium pavimenteux stratifié, coupé perpendiculairement à sa surface.

3. Épithélium cylindrique (INTESTIN DE LA GRENOUILLE).

4. Cellules vibratiles (ŒSOPHAGE DE LA GRENOUILLE). — *a*, cils vibratiles.

5. Cellules glandulaires caliciformes (ŒSOPHAGE DE LA GRENOULLE). — *a*, protoplasma sécréteur; *b*, mucus sécrété.

6. Tissu conjonctif (MÉSENTÈRE DE LA GRENOUILLE). — *a*, cellule migratrice; *b*, fibres élastiques; *c*, fibres conjonctives.

7. Tissu osseux. — *a*, cellules osseuses (ostéoblastes); *c*, substances osseuses.

8. Fibre musculaire lisse.

9. Fibre musculaire striée. — *a*, noyau.

10. Cellule nerveuse. — *a*, prolongement cylindre-axile.

11. Fibre nerveuse. — *a*, étranglement annulaire; *b* (en noir), myéline; *c*, cylindre-axe; *d*, noyau.

12. Globules du sang de la Grenouille. — *a*, globules rouges vus de face; *b*, globules rouges vus de côté; *c*, globules blancs (que l'on voit encore plus facilement dans la **lymphe de la grenouille**).

13. Globules du sang de l'homme. — *a*, globules rouges vus de face; *b*, globules rouges empilés les uns dans les autres; *c*, globule rouge, vu de côté; *d*, globule blanc.

14. Tissu cartilagineux. — *a*, cellule cartilagineuse; *b*, capsule; *c*, substance fondamentale cartilagineuse.

15. Cellules adipeuses. — *a*, gouttes de matières grasses.

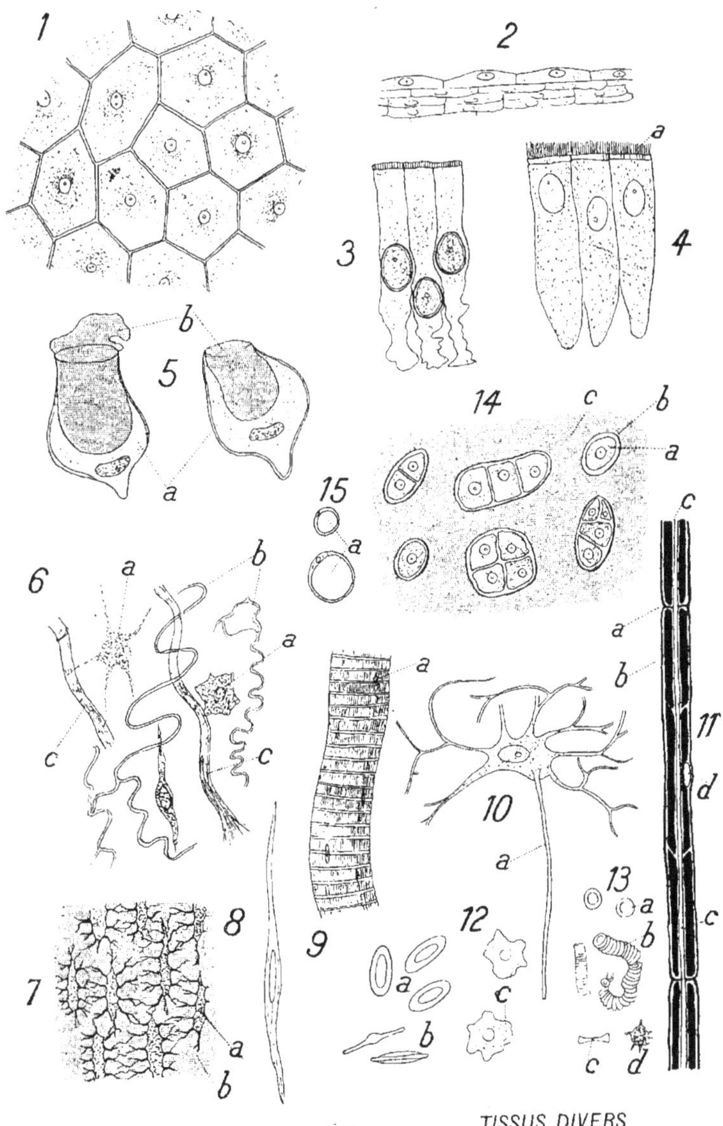

TISSUS DIVERS

TABLE DES MATIÈRES

(Les numéros renvoient aux planches)

TABLE ALPHABÉTIQUE

(Les numéros renvoient aux planches)

TABLE ALPHABÉTIQUE

TOURS. — IMPRIMERIE DESLIS FRÈRES

www.ingramcontent.com/pod-product-compliance
Ingram Content Group UK Ltd.
Pitfield, Milton Keynes, MK11 3LW, UK
UKHW031902260826
14628UKWH00002B/947

9 782014 112573